汽车车载网络系统检修

主　编　王　建　吕丕华
副主编　刘秋生　徐晓宇　邓　方　李　活
主　审　丁继斌

北京理工大学出版社
BEIJING INSTITUTE OF TECHNOLOGY PRESS

内 容 简 介

汽车车载网络系统已成为汽车电子领域内的研究热点，本书主要介绍车载网络系统基础知识及 CAN 总线系统、LIN 总线系统、MOST 总线系统的结构组成、工作原理、检测维修等相关知识，并以此为基础，对接汽车专业国赛标准，重点介绍了大众迈腾 B8 车载网络系统、比亚迪秦 EV 车载网络系统、智能网联汽车车载网络系统等三大车型的车载网络系统，对三类车系的车载网络系统的故障检测、诊断、维修等实用内容也进行了介绍，并配有实训指导书和作业单，是一本内容较为广泛、简要讲授汽车车载网络技术新知识的实用规划教材。

全书既有一定的理论深度，又贴合生产实际，将对应知、应会知识的学习在"教、学、做"理实一体化的学习情境中展开；内容组织条理清晰、编排循序渐进，通俗易懂，易学实用，图文并茂，数据翔实。本书可作为大、中专院校汽车检测与维修、汽车电子技术、新能源汽车技术等相关专业教材，也可作为应用本科汽车运用类专业教材，同时可供汽车修理工与管理人员使用，还可供销售、质检和鉴定等人员工作时学习和参考。

图书在版编目（CIP）数据

汽车车载网络系统检修/王建，吕丕华主编 . —北京：北京理工大学出版社，2022. 11
ISBN 978 - 7 - 5763 - 1804 - 3

Ⅰ. ①汽…　Ⅱ. ①王…　②吕…　Ⅲ. ①汽车 - 计算机网络 - 维修　Ⅳ. ①U472. 41

中国版本图书馆 CIP 数据核字（2022）第 205768 号

出版发行 / 北京理工大学出版社有限责任公司
社　　址 / 北京市海淀区中关村南大街 5 号
邮　　编 / 100081
电　　话 / （010）68914775（总编室）
　　　　　　（010）82562903（教材售后服务热线）
　　　　　　（010）68944723（其他图书服务热线）
网　　址 / http：//www. bitpress. com. cn
经　　销 / 全国各地新华书店
印　　刷 / 三河市天利华印刷装订有限公司
开　　本 / 787 毫米 × 1092 毫米　1/16
印　　张 / 14　　　　　　　　　　　　　　　　　　　　　责任编辑 / 封　雪
字　　数 / 323 千字　　　　　　　　　　　　　　　　　　文案编辑 / 封　雪
版　　次 / 2022 年 11 月第 1 版　2022 年 11 月第 1 次印刷　　责任校对 / 刘亚男
定　　价 / 76. 00 元　　　　　　　　　　　　　　　　　　责任印制 / 李志强

前　言
PREFACE

　　党的二十大报告指出，我们要"加快建设制造强国"，要"推动制造业高端化、智能化、绿色化发展"。车载网络系统是目前汽车电子技术发展中的最新成果，而且还在不断发展中。网络系统总线技术类型众多，不同的厂家、不同的车型上配备的车载网络系统不尽相同。车载网络系统的出现对于汽车发展来说有诸多优点：汽车上的各种电子装置与设备通过总线技术连接成一个网络环境，彼此之间进行数据交换和信息资源共享，减少了汽车电子控制传感器和执行器的数量并优化了其配置，大大减少全车线束的数量并优化了其布局……使汽车的动力性、经济性和环保性等达到最佳。与此同时，对于汽车后市场服务的维修诊断技术提出了更高的要求，增加了难度系数和工作量。目前汽车上的车载网络系统常见的是CAN 总线、LIN 总线、MOST 总线。这三种总线技术虽然有所差异，但是其基本结构和工作原理仍存在一定的共通性，包括在诊断维修技术方面仍有异曲同工之处，本书重笔着墨于CAN 总线故障诊断技术。

　　本书全面系统地介绍了汽车车载网络系统的知识与技能，共分四个项目内容。项目一至项目三为车载网络 CAN 总线系统、车载网络 LIN 总线系统、车载网络 MOST 总线系统，分别介绍了三类总线系统的了解与认知、分类与应用、结构与认识、原理与分析、检测与维修等内容，使学生充分掌握三类总线系统的结构组成、工作原理、检测维修等相关知识。项目四为典型汽车车载网络系统故障诊断，介绍了车载网络系统的故障诊断基础与应用、大众迈腾 B8 车载网络系统故障与检修、比亚迪秦 EV 车载网络系统故障与检修、智能网联汽车车载网络系统故障与检修等内容，使学生充分掌握典型车辆车载网络系统的故障检测、诊断与维修等知识和操作技能。

　　本书由长期从事高等职业院校汽车运用技术专业教学的江西应用技术职业学院汽车专业教学一线骨干教师与汽车维修行业培训的行业企业骨干技术人员通力合作编写而成。由江西应用技术职业学院副教授王建担任第一主编，中德诺浩（北京）教育科技股份有限公司副总裁吕丕华担任第二主编，南京工业职业技术大学丁继斌教授担任主审，江西应用技术职业学院刘秋生、徐晓宇、邓方、李活等老师任副主编，中德诺浩（北京）教育投资有限公司研发总监许智达、研发经理张树佩共同参与编写。在编写过程中得到了其他众多企业一线专家（吉利汽车集团刘福鹏、范武，比亚迪股份有限公司黄跃程等人）的帮助和指导，参考和采用了许多相关专业文献和专家的建议，在此一并表示感谢。

　　本书可作为中、高职院校汽车运用与维修、汽车检测与维修技术、汽车电子技术及相关专业的教学用书，也可作为汽车维修行业培训用书，汽车维修人员、汽车爱好者自学参考书。

　　由于编者水平有限，加之时间仓促，书中不妥和疏漏之处在所难免，恳请读者提出宝贵意见，以便再版时修订。

编　　者

2022.07

演示动画合集	F2/46 网关保险断路	动力网关松动	车辆无法充电
整车控制器动力网 CAN – H 和 CAN – L 断路	万用表的使用	故障诊断仪的使用	示波器的使用
J388 端 LIN 总线断路	J388 端 LIN 虚接 1000 Ω	J389 端 LIN 总线 对地短路	J389 端 LIN 线 对地虚接 500 Ω
灯光开关 LIN 线断路	灯光开关 LIN 线 虚接 1000 Ω	灯光开关 LIN 线对地短路	灯光开关 LIN 线 对地虚接 500 Ω
灯光开关 LIN 线对 冗余线路短路	灯光开关 LIN 线对冗余 线路虚接 200 Ω	舒适 CAN – H 线路 对地短路	舒适 CAN – L 线路对 正极短路
舒适 CAN – H 与 CAN – L 线路之间短路	舒适 CAN – H 与 CAN – L 线路之间短路	J519 端舒适 CAN – H 线路断路	J519 端舒适 CAN – H 与 CAN – L 线路反接

J965 端舒适 CAN – H 线路断路	J965 端舒适 CAN – H 虚接 300Ω	驱动 CAN – L 线路对正极电源线路短路	驱动 CAN – H 线路对接地线路短路
驱动 CAN – L 与 CAN – H 线路之间短路	J623 端驱动 CAN – L 线路断路	J623 端驱动 CAN 线路虚接	雷达 CAN – H 总线断路故障
智能网联汽车底盘线控转向 CAN – H 总线断路			

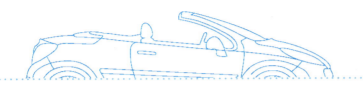

目 录
CONTENTS

项目三
车载网络 MOST 总线系统

项目四
典型汽车车载网络系统故障诊断

项目一
车载网络CAN总线系统

控制器局域网CAN（Controller Area Network）是由Bosch公司在20世纪80年代初开发的一种串行多主总线通信协议。它具有高传输速率、高抗电磁干扰性，并且几乎能够检测出发生的任何错误。由于性能卓越，CAN已被广泛应用于交通、工业自动化、航天、医疗仪器以及建筑、环境控制等众多领域。CAN技术在我国也已得到迅速推广和普及。

现代汽车越来越多地采用电子装置控制，如发动机控制、加速/刹车控制、防抱死系统（ABS）、防滑控制系统（ASR）、废气再循环系统、巡航系统、空调系统、车身电子控制系统（包括照明指示和车窗、雨刮器等）等。汽车内部所具有的控制器、执行器以及传感器的数量很多，要实现对汽车的控制就必须检测及交换大量数据。使用CAN总线技术组成汽车内部网络，可满足汽车各ECU（Electronic Control Unit，电子控制单元）对控制和数据通信的需要。

任务一
了解与认知 CAN 总线系统

【任务目标】

1. 知识目标

(1) 了解 CAN 总线的特点；

(2) 掌握 CAN 总线的组成；

(3) 掌握 CAN 总线的数据传输原理。

重点和难点：

(1) CAN 总线各组成的功能；

(2) CAN 总线数据传输的原理。

微课　项目一任务 1

2. 技能目标

(1) 能熟练查阅维修手册和电路图并且拆画电路图；

(2) 能熟练使用万用表和示波器等工具；

(3) 能通过工具判断车载网络系统是否处于正常工作状态。

3. 思政目标

(1) 培养学生建立正确的职业道德观；

(2) 培养学生的爱国主义情怀和加强制造强国的信心；

(3) 培养学生勇于追求进步、不断创新的精神，同时淡泊名利、乐于奉献。

【任务导入】

一辆比亚迪 e5 汽车无法起动，屏幕也不亮，有经验的师傅认为 "CAN" 可能有问题。

CAN 是我们经常听见的一个词，那到底什么是 CAN 呢？CAN 是不是只有汽车上才有呢？我们可以用什么工具来诊断 CAN 是否正常工作呢？

【任务分析】

一、CAN 总线简介

CAN 是 Controller Area Network（控制器局域网）的缩写，是国际标准化的串行通信协

议（图1-1）。目前，CAN 总线是汽车网络系统中应用最多，也最为普遍的一种总线技术。CAN 由于具有高性能、高可靠性的特点及独特的设计，越来越受到人们的重视。国外已有许多大公司的产品采用了这一技术。

CAN

Controller-Area-Network

图 1-1　CAN 的标志

二、CAN 总线的发展历史

CAN 总线协议是在 1983—1986 年由 Bosch 和 Intel 两家公司联合开发的，最初应用于汽车监测和控制系统；1990 年首次应用于一辆梅赛德斯 - 奔驰 S 级 12 缸发动机轿车上；1996 年首次应用于奥迪 8 - 3.7 L V8 发动机车型上。1997 年，大众公司在帕萨特的舒适系统上采用了传送速率为 62.5 Kbit/s 的 CAN 总线。1998 年在帕萨特和高尔夫的驱动系统上增加了 CAN 总线，传送速率为 500 Kbit/s。2000 年，大众公司在帕萨特和高尔夫采用了带有网关的第二代 CAN 总线。2001 年，大众公司提高了 CAN 总线的设计标准，将舒适系统的 CAN 总线传送速率提高到 100 Kbit/s，驱动系统的提高到 500 Kbit/s。2002 年，大众集团在新 PQ24 平台上使用带有车载网络控制单元的第三代 CAN 总线。2003 年，大众集团在新 PQ35 平台上使用五重机构的 CAN 总线系统。CAN 总线系统由于高性能和高稳定性，逐渐被应用在汽车发动机、底盘等动力系统的联网控制方面。

三、CAN 总线的优点

①可以使控制单元间的数据交换都在同一平台上进行（图1-2）。这个平台称为协议，CAN 总线起到数据交换"高速公路"的作用（图1-3）。

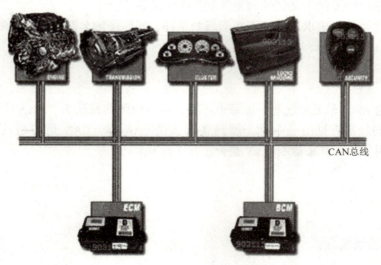

CAN总线

图 1-2　控制单元间的数据交换都在同一平台上进行

图 1－3　CAN 总线相当于数据交换的 "高速公路"

②可以很方便地实现用控制单元对系统的控制，如发动机控制、变速器控制、ESP 控制等。

③可以方便地加装、选装装置，为技术进步创造了条件，为新装备的使用埋下了伏笔。

④CAN 总线是一个开放系统，可以与各种传输介质进行适配，如铜线和光导纤维（光纤）。

⑤对控制单元的诊断通常通过 K 线来进行，车内的诊断有时可通过 CAN 总线来完成（如安全气囊和车门控制单元），称为 "虚拟 K 线"。随着技术的进步，今后有逐步取消 K 线的趋势。

⑥可同时通过多个控制单元进行系统诊断。

四、CAN 总线的结构特点

CAN 总线系统上并联有多个控制单元，具有以下特点：

①可靠性高。系统能将数据传输故障（不论是内部还是外部引起的）准确地识别出来。

②使用方便。如果某一控制单元出现故障，其他控制单元还可以保持原有功能，以便进行信息交换。

③数据密度大。所有控制单元在任一瞬时的信息状态均相同，这样就使得两控制单元之间不会有数据偏差。如果系统的某一处有故障，那么总线上所有连接的元件都会得到通知。

④数据传输快。连成网络的各个控制单元之间的数据交换速率必须很快，这样才能满足实时要求。

⑤采用双线传输，抗干扰能力强，数据传输的可靠性高。

⑥CAN 总线是基于事件触发协议工作的，采用多主竞争方式进行数据发送权的争夺，因此需要设置冲突仲裁机制。

五、CAN 总线的基本系统

CAN 总线的基本系统主要由 ECU（控制器、收发器）、终端电阻和传输总线组成，如图 1－4 所示。

数据传输是按顺序连续完成的。原则上，CAN总线用一条导线就可以满足功能要求，但CAN总线系统上还是配备了第二条导线，且两根导线缠绕在一起，成为双绞线（图1-5）。其中一根称为CAN - High（简称CAN - H）导线，另一根导线称为CAN - Low（简称CAN - L）导线。

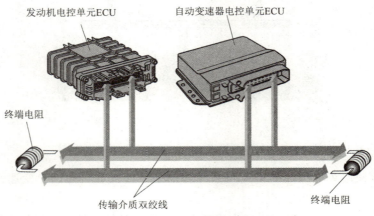

图 1-4　CAN 总线基本系统组成

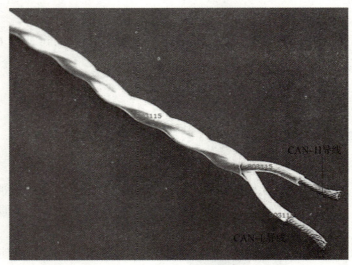

图 1-5　CAN 总线双绞线

在双绞线上，信号是按相反相位传输的，这样可以有效消除外部干扰，使系统具有良好的电磁兼容性。

【任务实训】

一、实训前准备

1. 实训场地及设备工具准备

场地：实训室。

设备：实训整车 1 辆。

专用工具：示波器、万用表、电路图。

常用工具：120 件套、螺丝刀、扭力扳手、工具车、绝缘手套、接线盒。

2. 学生组织

分成 6 组，每小组由 4 至 6 名学生组成，每组完成单次练习时间为 30 min。

二、实训安排

1. 准备

①车辆正确停放在工位上；

②提前对蓄电池充电，确保蓄电池电量充足；

③按照工位说明准备工位；

④准备维修手册、维修电路图；

⑤准备灭火器。

2. 讲解与示范（30 min）

①安全注意事项及纪律要求；

②查找电路图，找出对应测量端子；

③测量工具检查与使用；

④CAN 总线电压、电阻、波形测量方法。

3. 分组练习与工位轮换（30 min）

学员分为 6 组，每组一个工位，每个工位包含 4 个任务：

①查阅电路图，进行电路拆画；

②CAN 总线对地电压测量；

③CAN 总线电阻测量；

④CAN 总线波形测量。

每组学员分为两个小组，分别完成两项任务，每个小组单次练习时间为 30 min，然后进行组内交换。

4. 考核（20 min）

随机抽取 10 名学员分为 5 组进行考核。

5. 答疑及总结（10 min）

教师答复学员所提出的相关疑问；若学员无疑问，则带领学员回顾 CAN 总线电压、电阻、波形测量操作步骤、要点及注意事项。

三、完成任务工单

实训　了解与认知 CAN 总线系统

学号：_____　姓名：_____　日期：_____

1. 查找电路图，拆画电路图

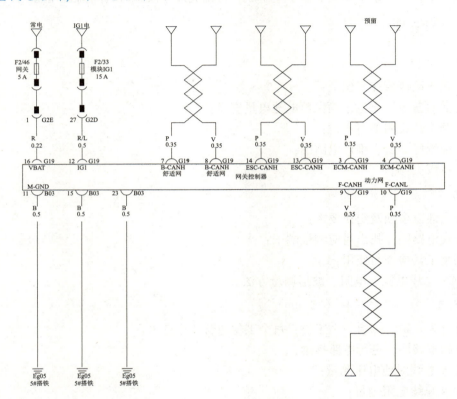

2. 找到测量端子，用万用表对 CAN 总线进行电压测量

序号	CAN 总线	测量端子1	测量端子2	电压值
1	CAN – H			
2	CAN – L			

3. 找到测量端子，用万用表对 CAN 总线进行电阻测量

序号	CAN 总线	测量端子1	测量端子2	电阻值
1	CAN – H			
2	CAN – L			

4. 测量 CAN 总线波形

5. 确认故障

四、技术要求和标准

①查阅维修电路图；
②操作方法符合维修手册的要求；
③根据维修手册的数据分析测量结果。

五、实训注意事项

1. 安全注意事项

①拉起驻车制动，且所有车轮用车轮挡块挡住；
②正确连接尾气排放装置，保证实训场地通风良好；
③起动发动机前检查挡位是否在 P 挡或空挡，并观察车辆前方及后方是否有人；
④起动发动机前应先报告协作同学及车辆附近的人员；
⑤避免触碰车辆排气系统及发动机转动部件，防止高温灼伤及转动部件造成意外伤害；
⑥车间应配备干粉灭火器及相应消防设施；
⑦操作过程中应做到油品、工具、配件三不落地，作业完毕应及时清理车间工作场地，做到现场 6S 管理。

2. 操作注意事项

①注意个人安全防护，穿劳保鞋，佩戴护目镜及防护手套；
②维修操作人员进入车间时不应戴手表、戒指、项链等金属饰品；
③操作人员在进行车辆维修时，应防止脚部被车轮压伤、手部被车门夹伤。

【任务评价反馈】

项目一任务一				了解与认知 CAN 总线系统				
学生基本信息		姓名		学号		班级		
		组别		时间		成绩		
能力要求		具体内容				评分标准	分值	得分
专业能力	正确认图与检测工具的使用	a. 查阅电路图 b. 拆画电路图 c. 万用表使用 d. 示波器使用 e. 确定故障点 f. 设备清洁、校准、校零 g. 6S				10 10 10 10 10 10 10 10	70	
	具体要求	分成 6 组，每小组由 4 至 6 名学生组成，每组完成单次练习时间为 30 min						

社会能力	团队合作	是否和谐	5	15	
	劳动纪律	是否严格遵守	5		
	沟通讨论	是否积极有效	5		
方法能力	制订计划	是否科学合理	5	15	
	学习新技术能力	是否具备	5		
	总结能力	能否正确总结	5		
下一步改进措施					
考核教师签字		结果评价		项目成绩	

【知识拓展】

CAN 总线技术的发展

20 世纪 80 年代，因为当时还没有一个网络协议能完全满足汽车工程的要求，博世的工程人员开始研究应用于汽车的串行总线系统。参加研究的还有奔驰汽车公司、英特尔公司以及德国两所大学的教授。1986 年，博世在 SAE（美国汽车工程师学会）大会上提出了 CAN。1987 年，英特尔推出了第一片 CAN 控制芯片——Intel 82526；随后飞利浦半导体推出了 82C200。1993 年 CAN 的国际标准 ISO11898 公布，从此 CAN 协议被广泛地用于各类自动化控制领域。

1992 年 CIA（CAN in Automation）用户组织成立，之后制定了第一个 CAN 应用层 "CAL"。1994 年开始有了国际 CAN 学术年会（ICC）。同一年 SAE 以 CAN 为基础制定了 SAEJ1939 标准，用于货车和大客车控制和通信网络。

到今天，几乎每一辆欧洲生产的轿车上都有 CAN；高级客车上有两套 CAN，通过网关互联；仅 1999 年就有近 6 000 万各类 CAN 控制器投入使用；2000 年销售 1 亿多 CAN 芯片；2001 年用在汽车上的 CAN 节点数超过 1 亿个。但是在轿车上基于 CAN 的控制网络至今仍是各大公司自成系统，没有统一的标准。基于 CAN 的应用层协议常用的有两种：DeviceNet（适合工厂底层自动化）和 CANopen（适合机械控制的嵌入式应用）。任何组织或者个人都可以从 DeviceNet 供货商协会（ODVA）获得 DeviceNet 规范。购买者将得到无限制的、免费的开发 DeviceNet 产品的授权。DeviceNet 自 2002 年被确立为中国国家标准以来，已在冶金、电力、水处理、乳品饮料、烟草、水泥、石化、矿山等各个行业得到成功应用，其低成本和高可靠性已得到广泛认同。

思政园地：核心技术
是买不来的

【赛证习题】

一、填空题

1. CAN 总线的基本系统由_____和_____组成。

2. CAN 总线系统元件主要由_____和_____组成。

二、判断题

（　）1. CAN 总线具有自诊断功能。

（　）2. CAN 总线最大稳定传输速率可达 1 Mbit/s。

（　）3. CAN – H 和 CAN – L 是按相同相位传输的。

三、简答题

1. 简述 CAN 总线的数据传输原理。

2. CAN 总线采用何种技术措施来消除外界干扰？

任务二

识别与使用 CAN 总线系统

【任务目标】

1. 知识目标

(1) 掌握汽车 CAN 总线的应用分类；
(2) 熟悉汽车 CAN 总线的颜色识别；
(3) 掌握汽车 CAN 总线主要类型的工作特点；
(4) 掌握不同类别 CAN 总线的共性及区别。

重点和难点：

(1) 大众车系整车 CAN 总线系统的主要类型及工作特点；
(2) 不同类别 CAN 总线的区别及共性。

微课　项目一任务 2

2. 技能目标

(1) 能独立地收集、查阅现代汽车各种技术资料，并从中快速获得有用信息；
(2) 能正确选择检测工具和设备，并熟练使用检测工具和设备对汽车电脑及各类汽车 CAN 总线系统进行检测，并能正确分析检测结果；
(3) 能自主学习现代汽车新知识、新技术、新方法、新技能。

3. 思政目标

(1) 培养学生脚踏实地的学习品质；
(2) 通过小组合作探究，培养学生的团队合作意识；
(3) 培养学生的规范意识和严谨认真的职业精神；
(4) 培养学生吃苦耐劳、敢于勇攀高峰的大国工匠精神。

【任务导入】

故障现象：一辆搭载 1.5 L 汽油发动机的威朗轿车，客户反映该车无法起动，为此前来检修。

原因分析：经维修人员初步诊断，锁定故障原因为发动机模块无通信，那么作为维修技师的你该如何进一步解决该故障呢？

【任务分析】

要解决发动机模块无通信问题，就得先学会识别不同类别的 CAN 总线系统，并理解其实际应用。

世界上一些著名汽车制造厂商如奔驰、宝马等都已开始采用 CAN 总线来实现汽车内部控制系统与各检测和执行机构间的数据通信。目前国产的很多汽车也引入了 CAN 总线技术，如大众的途安、帕萨特等车型。

考虑到数据传输的速率、信号的重复率及产生的数据量的不同，我们把 CAN 总线分为两大类，一类低速 CAN 总线，一类高速 CAN 总线。低速 CAN 主要应用在车身控制模块领域；高速 CAN 主要应用在发动机、变速箱、ABS 等实时性要求高的控制模块。但各种车型都会视具体情况采用适合自身的总线结构。

一、大众集团的 CAN 总线

CAN 总线最大承载速率为 1 Mbit/s。在大众车系中，低速 CAN 总线数据传输量最大为 100 Kbit/s，主要运用在车身控制模块领域；高速 CAN 总线数据传输量最大为 500 Kbit/s，应用在发动机、变速箱、ABS 等实时性要求高的控制模块。

高速 CAN 和低速 CAN 在汽车各个系统中的典型应用见表 1 - 1。

表 1 - 1　高速和低速 CAN 的应用

▶高速 CAN ▶无法通过一条导线传输数据	▶低速 CAN ▶可通过一条导线传输数据
1. 驱动 CAN 2. 仪表 CAN 3. 扩展 CAN 4. 诊断 CAN（诊断接口）	1. 舒适 CAN 2. 信息娱乐 CAN

由于不同控制器对 CAN 总线的性能要求不同，大众汽车的 CAN 总线系统常被设定为 5 个不同的区域，分别为驱动总线、舒适总线、信息娱乐总线、仪表总线、诊断总线 5 种局域网，如图 1 - 6 所示。

驱动 CAN 总线、仪表 CAN 总线和诊断 CAN 总线属于高速 CAN，传输速率是 500 Kbit/s，由 15 号线供电，可基本满足实时要求。舒适 CAN 总线、信息娱乐 CAN 总线属于低速 CAN，传输速率是 100 Kbit/s，由 30 号线供电，用于对时效要求不高的情况。

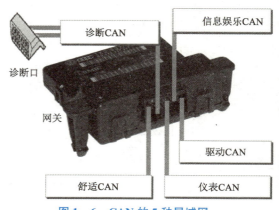

图 1 - 6　CAN 的 5 种局域网

汽车 CAN 总线系统一般分为驱动系统、舒适系统和信息娱乐系统。CAN 总线在汽车上的应用如图 1-7 所示。

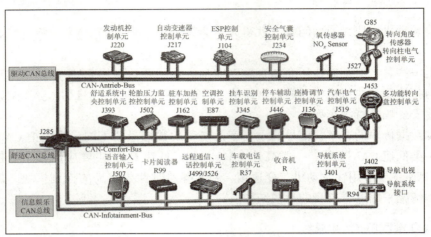

图 1-7　CAN 总线在汽车上的应用

CAN 总线的导线颜色如图 1-8 所示。

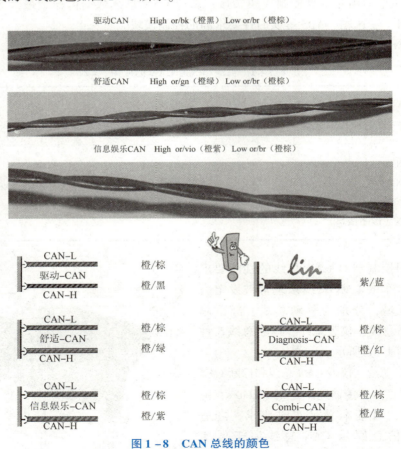

图 1-8　CAN 总线的颜色

（一）驱动 CAN 总线的特点

驱动 CAN 总线用于将有关汽车动力驱动的控制单元（如发动机控制单元、自动变速器控制单元、ABS 控制单元、ESP 控制单元、安全气囊控制单元等）连成网络。

驱动 CAN 总线由 15 号接线柱（点火开关）接通，短时工作后，又完全关闭。驱动总线的主要特征是：

①传输速率为 500 Kbit/s，传递 1 bit 所需时间为 0.002 ms，平均一条信息大约需 0.2 ms。

②没有数据传输时的基础电压值，CAN – H 和 CAN – L 均约为 2.5 V。

③线色：CAN – H 是橙黑色，CAN – L 是橙棕色。

④线径是 0.35 mm²。

⑤无单线工作模式。

⑥逻辑状态与电压如图 1 – 9 所示。

电位	逻辑状态	CAN – H 电压	CAN – L 电压	电压差
显性	0	3.8 V（3.5 V）	1.2 V（1.5 V）	2.6 V（2 V）
隐性	1	2.6 V（2.5 V）	2.4 V（2.5 V）	0.2 V（0 V）

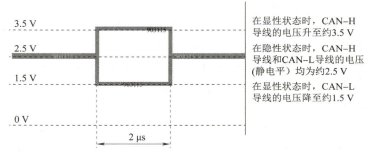

图 1 – 9　驱动 CAN 总线的逻辑状态和电压关系

（二）舒适/信息娱乐 CAN 总线的特点

舒适/信息娱乐 CAN 总线用于将有关车身、舒适控制的控制单元（如空调控制单元、车门控制单元、舒适控制单元、座椅调节控制单元、停车辅助控制单元、收音机和导航显示控制单元等）连成网络。

控制单元通过驱动 CAN 数据总线的 CAN – H 线和 CAN – L 线来进行数据交换，如车门开/关、车内灯开/关、车辆位置（GPS）等。由于使用相同的脉冲频率，所以舒适 CAN 总线和信息娱乐 CAN 总线可以共同使用一对导线，当然，前提条件是相应的车（如高尔和波罗）上有这两种数据总线。舒适/信息娱乐 CAN 总线在一条数据线短路或断路时，可以用另一条线继续工作，这时系统会自动切换到"单线工况"。

舒适/信息娱乐 CAN 总线的主要特征是：

①传输速率为 100 Kbit/s，传递 1 bit 所需时间为 0.010 ms，平均一条信息大约需 1.1 ms。

②无数据传输时的基础电压值约为：CAN – H 为 0V，CAN – L 为 5 V（12 V 系统）。

③线色：舒适 CAN 总线，CAN – H 是橙绿色，CAN – L 是橙棕色；信息娱乐 CAN 总线，CAN – H 是橙紫色，CAN – L 是橙棕色。

④线径是 0.35 mm^2。

⑤有单线工作模式。

⑥逻辑状态与电压如图 1-10 所示。

电位	逻辑状态	CAN-H 电压	CAN-L 电压	电压差
显性	0	>3.6 V（4 V）	<1.4 V（1 V）	3 V
隐性	1	<1.4 V（0 V）	>3.6 V（5 V）	-5 V

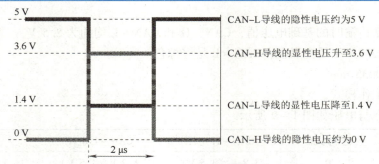

图 1-10　舒适/信息娱乐 CAN 总线的逻辑状态和电压关系

（三）诊断 CAN 总线的特点

2000 年以前，奥迪、大众车系网关上的诊断线采用 K 线。2000 年后，奥迪车系、大众车系开始采用汽车诊断、测量和信息系统 VAS 5051 或汽车诊断和服务信息系统 VAS 5052 来进行自诊断，并通过诊断 CAN 总线完成诊断控制单元和车上其他控制单元之间的数据交换。早期使用的诊断导线（K 线或 L 线）就不再使用了（与废气排放监控相关的控制单元除外），由诊断 CAN 总线取而代之，也称为虚拟 K 线。

在图 1-11 所示的汽车网络系统中，各个控制单元的诊断数据经各自的数据总线传输到网关 J519 或 J533，再由网关利用诊断 CAN 总线传输到故障诊断接口。通过诊断 CAN 总线和网关的快速数据传输，诊断控制单元就可在连接到车上后快速显示出车上所装元件及其故障状态。

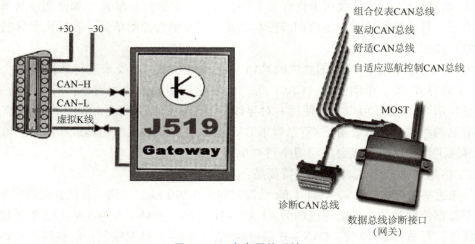

图 1-11　汽车网络系统

诊断 CAN 总线取代 K 诊断总线（K 线或 L 线）之后，对车上的故障诊断接口也做了改进。新型诊断接口的针脚布置，如图 1－12 所示。可见，新型诊断接口仍然保留了 K 线和 L 线的针脚，以确保系统具有向下兼容功能。

针脚 (Pin)	导线	针脚 (Pin)	导线
1	15号线线柱	7	K线
2~3	暂未使用	8~13	暂未使用
4	接地（搭铁）	14	诊断CAN总线 （CAN-L导线）
5	接地（搭铁）	15	L线
6	诊断CAN总线 （CAN-H导线）	16	30号接线柱

图 1－12　新型诊断接口及针脚布置

采用诊断 CAN 总线和新型诊断接口之后，除了需要对汽车故障诊断仪（如 VAS 5051）进行软件升级之外，还需要使用新的诊断连接导线（用于连接新型诊断接口和汽车故障诊断仪）。这种与诊断 CAN 总线匹配的新的诊断连接导线（见图 1－13）有两种规格，其代号分别为 VAS 5051/5A（长 3 m）和 VAS 5051/6A（长 5 m）。

故障诊断接口

诊断连接导线

故障诊断仪VAS 5051

网关J533

LIN总线

车门控制单元J386/J387

图 1－13　新的诊断连接导线（用于连接新型诊断接口和汽车故障诊断仪）

二、不同 CAN 总线的共性

①不同类别的 CAN 总线采用同样的数据传输协议进行数据传输。

②为了保证信息传输的高抗干扰性，几乎所有 CAN 数据总线都采用双线系统，但个别公司还采用三线系统。如图 1－14 所示，瑞典斯勘尼亚（Scania）卡车采用了三条 CAN 总线。CAN－bus Ⅰ包含了不太重要的 ECU（影音系统和空调等）；CAN－bus Ⅱ处理的是重要但不与发动机或制动控制直接相关的子系统的通信（如仪表等）；CAN－bus Ⅲ是最重要的，它包含了动力系统中所有的 ECU（发动机、变速箱、制动管理系统等）。另外，该车中还采用协调系统 ECU（COO）作为这三条总线的网关，连接 CAN－bus Ⅰ 的是诊断总线（Diagnostic bus），可用作错误诊断和纠错。

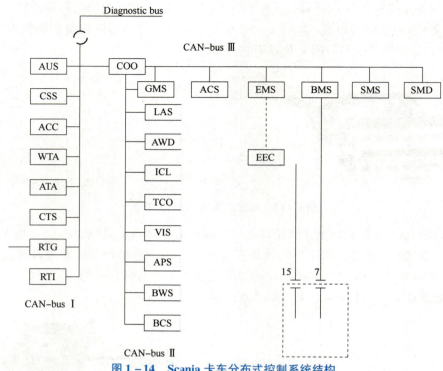

图 1-14　Scania 卡车分布式控制系统结构

③将要发送的信号在发送控制单元的收发器内转换成不同的信号电平，并输送到两条 CAN 导线上，只有在接收控制单元的差动信号放大器内才能建立两个信号电平的差值，并将其作为唯一经过校正的信号继续传至控制单元的 CAN 接收区。

④信息 CAN 数据总线与舒适 CAN 数据总线的特性是一致的。

在波罗（自 2002 年起）和高尔夫Ⅳ汽车上，信息 CAN 数据总线和舒适 CAN 数据总线采用同一组数据导线。

三、不同 CAN 总线的区别

①驱动 CAN 数据总线通过 15 号接线柱切断，或经过短时无载运行后自行切断。

②舒适 CAN 数据总线由 30 号接线柱供电且必须保持随时可用状态。在 "15 号接线柱关闭" 后，若汽车网络系统不再需要舒适 CAN 数据总线工作，则舒适 CAN 总线进入 "休眠模式"。

③舒适 CAN 数据总线和信息娱乐 CAN 数据总线具有 "单线工作模式"，可以单线工作（俗称 "瘸腿" 工作）。

④驱动 CAN 数据总线的电信号与舒适 CAN 数据总线、信息娱乐 CAN 数据总线的电信号是不同的。

驱动 CAN 数据总线无法与舒适/信息娱乐 CAN 数据总线直接进行电气连接，但可以通过网关联接在一起，构成一个更大的网络。

【任务实训】

一、实训前准备

1. 实训场地及设备工具准备

场地：6 个工位，大众车辆 6 辆（大众各型车辆/台架）。

设备：充电机。

专用工具：故障诊断仪、数字万用表、示波器。

常用工具：三件套、车内四件套、防护套装、抹布、工具车。

2. 学生组织

分成 6 组，每小组由 4 至 6 名学生组成，每组完成单次练习时间为 60 min。

二、实训安排

（一）准备

①将车辆正确停放在工位上；

②提前对蓄电池充电，确保蓄电池电量充足；

③按照工位说明准备工位；

④准备维修手册；

⑤准备灭火器。

（二）讲解与示范（15 min）

①安全注意事项及纪律要求；

②诊断仪操作步骤、要求及注意事项；

③教师示范故障诊断仪读取数据总线流程。

（三）分组练习（60 min）

学员分为 6 组，每组一个工位，每个工位包含三个任务：

①读取/清除故障码；

②读取数据总线测量值；

③判定测量值的 CAN 类型。

（四）考核（15 min）

随机抽取 10 名学员分为 5 组进行考核。

（五）答疑及总结（10 min）

教师答复学员所提出的相关疑问；若学员无疑问，则带领学员回顾诊断仪的操作步骤、要点及注意事项。

三、完成任务工单

实训　识别与使用 CAN 总线系统

学号：_____　姓名：_____　日期：_____

1. 故障诊断仪操作步骤

①连接诊断仪 VAS 5054；

②打开点火开关；

③进入自诊断界面，选择"地址 19 – 数据总线诊断接口"→"08 – 读取数据总线测量值"；

④从 125 开始输入组号地址，直到 145，分别读取输入组号地址对应的 CAN 总线测量值；

⑤记录并分析读取的 CAN 总线测量值。

2. 记录数据

记录 CAN 总线测量值，并按照 CAN 总线类型填写下表。

驱动 CAN 总线系统显示组号对应的测量值				
显示组号地址	测量值1	测量值2	测量值3	测量值4

舒适 CAN 总线系统显示组号对应的测量值				
显示组号地址	测量值1	测量值2	测量值3	测量值4

信息娱乐 CAN 总线系统显示组号对应的测量值				
显示组号地址	测量值1	测量值2	测量值3	测量值4

四、技术要求和标准

①操作方法符合维修手册的要求；

②对实训无影响的故障可以忽略；

③根据 CAN 总线的分类情况分析测量结果。

五、实训注意事项

①进入车间应穿工鞋、戴工帽；工作服应穿戴整齐，无皮肤裸露；操作时不可佩戴手表等金属饰品，以防划伤车辆表面。

②操作电气设备时应注意用电安全；作业结束之后，应及时切断一切用电设备的电源。

③在对车辆电气设备端子进行检测时，必须使用万用表线组等工具，避免用万用表表笔直接测量，导致接触器虚接。

④若因检测需求需要拆卸某些部件时，必须严格按照维修手册标准进行拆卸，严禁暴力拆卸，防止元件损坏。

⑤非必要情况下，严禁对线束内部进行分解检测，对线束破损、裸露部分应使用电工胶布或热缩管做好绝缘处理。

【任务评价反馈】

项目一任务二		识别与使用 CAN 总线系统				
学生基本信息	姓名		学号		班级	
	组别		时间		成绩	
能力要求		具体内涵		评分标准	分值	得分
专业能力	诊断仪的使用	a. 实施准备		10	70	
		b. 故障诊断仪连接与操作		10		
		c. 读取/清除故障码		10		
		d. 读取数据总线测量值		10		
		e. 判定测量值的 CAN 类型		10		
		f. 观摩操作过程及记录测量结果		10		
		g. 整理工具、清理现场		5		
		h. 安全用电，防火，无人身、设备事故		5		
	具体要求	分成 6 组，每小组由 4 至 6 名学生组成，每组完成单次练习时间为 50 min				
社会能力	团队合作	是否和谐		5	15	
	劳动纪律	是否严格遵守		5		
	沟通讨论	是否积极有效		5		

续表

方法能力	制订计划	是否科学合理	5	15	
	学习新技术能力	是否具备	5		
	总结能力	能否正确总结	5		
下一步改进措施					
考核教师签字		结果评价		项目成绩	

【知识拓展】

宝马车系的 CAN 总线系统

宝马汽车集团的 CAN 总线分为 PT – CAN 总线（动力传输 CAN 总线）、K – CAN 总线（车身 CAN 总线）、F – CAN 总线（底盘 CAN 总线）、D – CAN 总线（诊断 CAN 总线）四类，如图 1 – 15 所示。

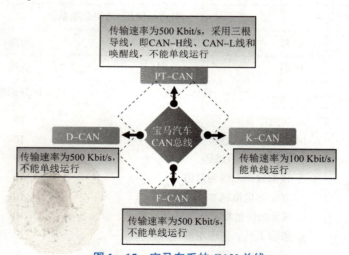

图 1 – 15　宝马车系的 CAN 总线

宝马车系的诊断 CAN 总线系统

一、D – CAN 总线

宝马汽车集团将 BMW 车系的诊断 CAN 总线称为 D – CAN 总线。D – CAN 总线采用线形、双线结构，最大数据传输速率为 500 Kbit/s。连接好 BMW 诊断系统后，网关（接线盒控制单元）将 BMW 诊断系统的请求传输给内部总线，之后，应答以相反的方向同时进行。

二、D-CAN 故障诊断接口

采用 D-CAN 总线之后，BMW 车系的故障诊断接口（故障诊断插座）也做了相应的改进，淘汰了原来的故障诊断接口（见图 1-16 (a)），新的故障诊断接口与 D-CAN 总线匹配（见图 1-16 (b)）。

   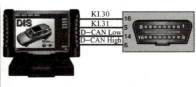

（a）   （b）

图 1-16　BMW 车系与 D-CAN 总线匹配的故障诊断接口
（a）原故障诊断接口；（b）新故障诊断接口

【赛证习题】

一、填空题

1. CAN 总线所采用的双绞线的直径是_____。

2. CAN 线的主色是_____。

3. 汽车上 CAN 数据传输线大都是_____，分为 CAN 高电平数据线和低电平数据线，即_____线和_____线。

4. 大众车系整车 CAN 总线系统由_____、_____、_____、_____和_____ 5 个 CAN 子系统组成。

5. 在大众车系中，驱动 CAN 总线和舒适 CAN 总线分别由_____和_____供电。

6. 舒适 CAN 的传输速率是_____。

二、判断题

（　）1. 舒适 CAN 总线可以采用一根导线传递信息。

（　）2. 动力 CAN 总线由 30 号线供电。

（　）3. 高速 CAN 的两条网线中只要有一条网线出现短路或断路，则整个网络失效。

（　）4. 动力 CAN 总线可以单线运行。

（　）5. 舒适 CAN 总线颜色为橙/绿色。

三、简答题

1. 大众车系的总线颜色是怎样标识的？

2. 舒适/信息系统 CAN 总线有哪些特点？

3. 在动力 CAN 总线系统正常工作的情况下，用万用表检测动力 CAN 总线 CAN-H 和 CAN-L 的电压，其电压值分别是多少？为什么？

思政园地：高凤林
心平手稳，火箭
发动机焊接的
中国第一人

任务三

认识 CAN 总线系统结构

【任务目标】

1. 知识目标

（1）熟悉 CAN 总线系统的硬件组成；

（2）掌握 CAN 总线系统各组成结构的工作原理；

（3）熟悉 CAN 总线的汽车电气网络结构。

重点和难点：

（1）CAN 总线系统的硬件组成；

（2）CAN 总线系统各组成结构的功能原理。

微课　项目一任务 3

2. 技能目标

（1）能根据维修手册画出某车型的动力 CAN 总线系统；

（2）能确定 CAN 总线各控制单元在车上的位置；

（3）能够检查、评价和记录工作结果。

3. 思政目标

（1）培养学生虚心学习的品德；

（2）培养学生透过现象看本质的能力；

（3）培养学生的民族自信心，奋力前行的勇气和决心。

【任务导入】

故障现象：一辆搭载 1.8T 汽油发动机的一汽 – 大众迈腾轿车无法起动，进站维修。使用诊断仪进行故障诊断，发现所有的控制系统都不能到达，无法进入自诊断系统。

原因分析：根据故障现象，经检测，怀疑是网关和诊断接口之间的 CAN 总线连接电路出现故障，导致汽车网络无法通信。如果你是某 4S 店的专业维修技师，你该如何进行进一步维修？

【任务分析】

一、CAN 总线的硬件组成

CAN 总线的主要硬件包括 CAN 控制器、CAN 收发器、传输介质、负载电阻（终端电阻）、网关等，CAN 控制器和 CAN 收发器都集成在控制单元内部。

（一）CAN 控制器

CAN 控制器位于 ECU 的微控制器与 CAN 收发器之间，主要功能是"承上启下"：从控制单元的 CPU 获得要传输的数据并将其相应的数据准备好，传输给收发器；同时，从收发器获得数据，将其进行处理并将相应的数据传输给 CPU，具体工作过程如图 1－17 所示。

CAN 总线系统的通信协议主要由 CAN 控制器完成。CAN 控制器用于将欲收发的信息（报文），转换为符合 CAN 规范的 CAN 帧，通过 CAN 收发器，在 CAN－bus 上交换信息。就像发快递一样，要根据快递公司提供的快递单填写具体的信息（发件人和收件人的地址、联系电话等），快递公司将之标准化（统一的快递单格式，并对每一件快递进行编号），随后才能传递信息（快递的具体东西，如文件、衣服、手机等）。

CAN 控制器主要由实现 CAN 总线协议部分和与微控制器接口部分电路组成。对于不同型号的 CAN 控制器，

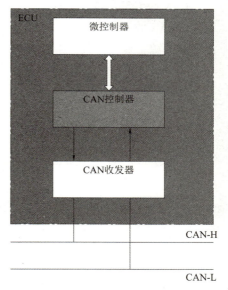

图 1－17　CAN 控制器工作过程

实现 CAN 协议部分电路的结构和功能大都相同，而与微控制器接口部分的结构及方式存在一些差异。CAN 控制器的结构原理如图 1－18 所示。

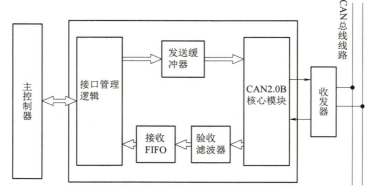

图 1－18　CAN 控制器的结构原理

①CAN 核心模块：根据 CAN 规范控制 CAN 帧的发送和接收。

②接口管理逻辑：用于连接外部主控制器。CAN 控制器通过复用的地址/数据总线，与主控制器联系。

项目一　车载网络 CAN 总线系统

③发送缓冲器：用于存储一个完整的扩展的或标准的报文。当主控制器初始发送时，接口管理逻辑会使CAN核心模块从发送缓冲器读CAN报文。

④验收滤波器：通过这个可编程的滤波器能确定主控制器要接收哪些报文。

⑤接收FIFO：用于存储所有收到的报文，存储报文的多少由工作模式决定。

（二）CAN收发器

CAN收发器安装在控制器内部，由发送器和接收器组成，同时兼具接收和发送的功能，将控制器传来的数据化为电信号并将其送入数据传输线，将内部CAN控制器传来的数据转换成串型数字信号并发送。

CAN收发器提供了CAN控制器与物理总线之间的接口，是影响CAN纵向传输性能的主要因素。CAN收发器内部电路如图1-19所示。CAN收发器内部具有限流电路，可防止发送输出极对电源、地或负载短路。双线差分驱动有助于抑制汽车在恶劣电气环境下的瞬变干扰。

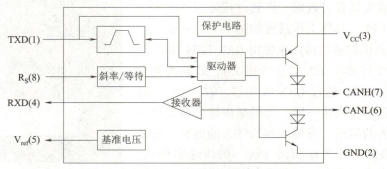

图1-19 CAN收发器内部电路

（三）传输介质

CAN总线的传输介质有双绞线、同轴电缆、光纤等。

1. 双绞线

双绞线由两根具有绝缘保护层的铜导线按一定密度互相绞在一起，这样可降低信号干扰的程度，既可以防止电磁干扰对传输信息的影响，也可以防止本身对外界的干扰。每一根导线在传输中辐射的电波都会被另一根线上发出的电波抵消，如图1-20所示。双绞线既可以用于传输模拟信号，也可用于传输数字信号。根据是否有屏蔽性，可分为非屏蔽双绞线（UTP）和屏蔽双绞线。

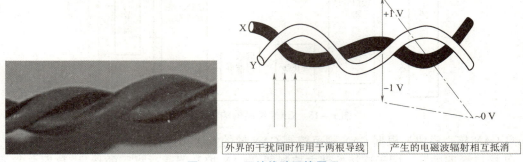

图1-20 双绞线防干扰原理

2. 同轴电缆

同轴电缆是由一根空心的圆柱形的外导体围绕单根内导体构成的。内导体为实芯或多芯硬质铜线，外导体为硬金属或金属网。内导体和外导体之间由绝缘材料隔离，外导体外还有皮套或屏蔽物，如图 1-21 所示。

有两种同轴电缆被广泛使用，一种是 50 电缆，用于数字传输，由于多用于基带传输，也叫基带同轴电缆；另一种是 75 电缆，用于模拟传输，一般用于电视信号的传输，称为宽带同轴电缆。

图 1-21　同轴电缆

3. 光纤

光纤和同轴电缆相似，中心是光传播的玻璃纤芯，如图 1-22 所示。纤芯是采用超纯的熔凝石英玻璃拉成的，比人头发丝还细的芯线，它质地脆、易断裂。

光纤有单模和多模之分。纤芯的直径是 $15 \sim 100~\mu m$，而单模光纤纤芯的直径为 $8 \sim 10~\mu m$。光纤常被扎成束，外面有外壳保护。

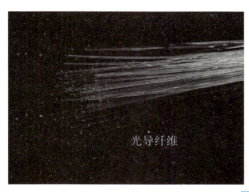

光导纤维

图 1-22　光纤

（四）终端电阻

在驱动 CAN 总线中，数据传输总线的两个末端设有两个终端电阻，用来阻止由末端发送的数据像回音一样回振并扰乱数据，其阻值一般为 120 Ω。

大众车系使用的是分配式电阻，即发动机控制单元的中央末端电阻为 66 Ω，其他控制单元内的电阻为 2.6 kΩ，如图 1-23 所示。

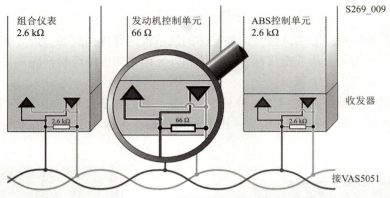

图 1-23　大众车系分配式电阻

大众轿车 CAN 总线控制单元阻值，如表 1-2 所示。

表 1-2　大众轿车 CAN 总线控制单元阻值

CAN 总线	低电阻总线终端控制单元	高电阻总线终端控制单元
驱动 CAN	发动机控制单元（66 Ω）	其他控制单元（2.6 kΩ）
舒适 CAN	中央控制单元（560 Ω） 车门控制单元（1 kΩ） 网关（560 Ω）	其他控制单元（5.6 kΩ）
信息娱乐 CAN	网关（560 Ω）	组合仪表（2.6 kΩ）

（五）网关

我们知道，从一个房间走到另一个房间，需要经过一扇门。同理，从一个网络向另一个网络发送信息，也需要经过一道"关口"，这道关口就是网关。顾名思义，网关（Gateway，GW）就是一个网络连接到另一个网络的"关口"。网关的主要功能是将不同 CAN 总线传递的数据信息，进行信号识别和传递速率的改变，使信号能够从一个总线区域进入另一个总线区域。可以用火车站作为例子来清楚地说明网关的原理，如图 1-24 所示。

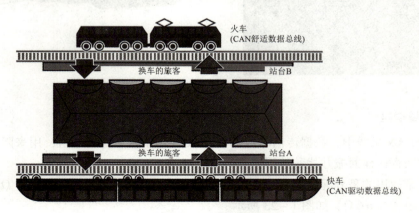

图 1-24　网关的原理

由于电压电平和电阻配置不同，所以在 CAN 驱动数据总线和 CAN 舒适数据总线之间无法进行耦合联接。另外，这两种数据总线的传输速率是不同的，这就决定了它们无法使用相同的信号。这就需要在这两个系统之间加入一个转换过程。这个转换过程是通过所谓的网关来实现的。另外，网关还具有改变信息优先级的功能。如车辆发生相撞事故时，气囊控制单元会发出负加速度传感器的信号，这个信号的优先级在驱动系统是非常高的，但转到舒适系统后，网关调低了它的优先级，因为它在舒适系统中的功能只是打开门和灯。

由于通过 CAN 数据总线的所有信息都供网关使用，所以网关也可用作诊断接口。在不改变数据的情况下，网关将驱动总线、舒适总线、信息娱乐总线以及仪表总线的诊断信息传递到自诊断接口，如图 1 – 25 所示。

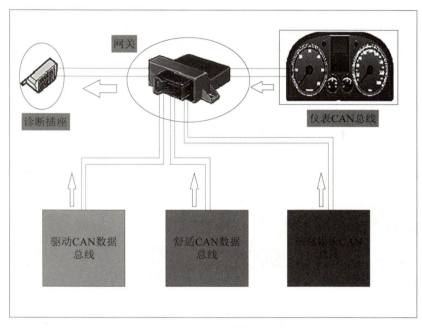

图 1 – 25 网关的诊断作用

根据车辆的不同，网关可能安装在组合仪表内、车载电网控制单元内或单独的网关控制单元内。

①仪表内网关：网关集成在组合仪表内部电路上，如图 1 – 26 所示。

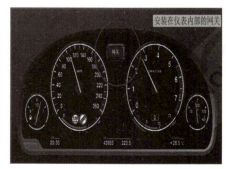

图 1 – 26 仪表内网关

②车载电网控制单元（J519）内网关：网关集成在车载电网控制单元 J519 内部电路上，如图 1-27 所示。

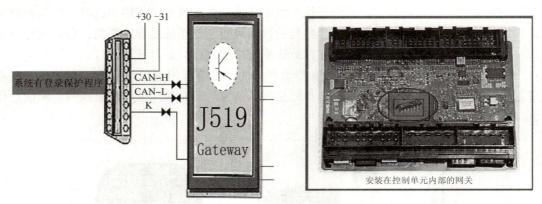

图 1-27　车载电网控制单元内网关

③单独的网关 J533：单独使用的网关，在仪表下方，加速踏板上方，如图 1-28 所示。

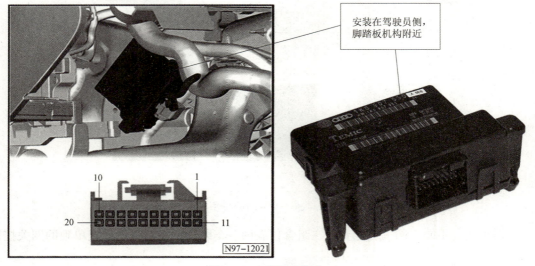

图 1-28　单独的网关

CAN 总线网关的控制功能包括：

1）正电再激活功能

在 15 正电关闭后，动力总线系统有些控制单元仍然需要交换信息，因此，在控制单元内部，用 30 正电激活控制单元内部的 15 正电，保证断电后信息的正常传递。再激活功能的时间大约在 10 s 到 15 min 之间，如图 1-29 所示。

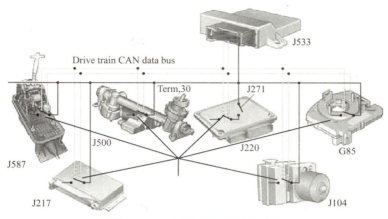

图 1 – 29　网关的正电再激活功能

2）睡眠和唤醒模式的监控

当舒适和信息娱乐总线处于空闲状态时，控制单元发送出睡眠命令，当网关监控到所有总线都有睡眠的要求时，则进入睡眠模式。此时总线电压低位线为 12 V，高位线为 0 V，如果动力总线仍处于信息传递过程中，则舒适和信息娱乐总线不允许进入睡眠状态；当舒适总线处于信息传递的过程中，信息娱乐总线也不能进入睡眠模式。当某一个信息激活相应的总线后，控制单元会激活其他的总线系统，如图 1 – 30 所示。

睡眠和唤醒模式的监控

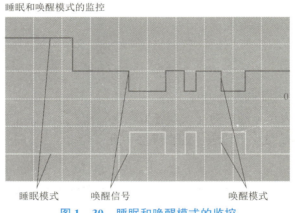

睡眠模式　　　唤醒信号　　　唤醒模式

图 1 – 30　睡眠和唤醒模式的监控

3）运输模式

在商品车运输到经销商之前，为了防止蓄电池过多放电，应当使车辆的耗能减少到最小。因此有些功能将被关闭。经销商在销售给用户前，必须用 VAS 5051 的自诊断功能（收集服务信息）来关闭运输模式。运输模式在里程低于 150 km 时，可以用网关来进行切换；当高于此值时，系统自动关闭运输模式。

运输模式下，以下舒适和信息娱乐系统不工作：收音机、遥控钥匙功能、内部监控系统、驻车加热的遥控接收器、车辆倾斜传感器、仅有 30 s 的内部照明灯激活、二极管防盗指示灯（司机与副司机侧）。

二、基于 CAN 总线的汽车电气网络结构

基于 CAN 总线的汽车电气网络结构如图 1 – 31 所示。

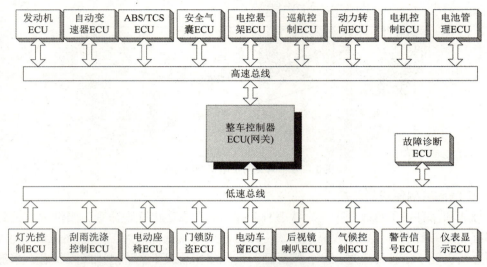

图 1 – 31　基于 CAN 总线的汽车电气网络结构

【任务实训】

一、实训前准备

1. 实训场地及设备工具准备

场地：6 个工位，大众车辆 6 辆（大众各型车辆）。

专用工具：示波器、数字万用表、配套维修手册。

2. 学生组织

分成 6 组，每小组由 4 至 6 名学生组成，每组完成时间为 60 min。

二、实训安排

（一）准备

①车辆正确停放在工位上；

②按照工位说明准备工位；

③准备维修手册；

④准备灭火器。

（二）讲解与要求（10 min）

①安全注意事项及纪律要求；

②拆装步骤、要求及注意事项；

③教师示范 CAN 总线在汽车上的应用领域。

（三）分组练习（60 min）

学员分为 6 组，每组一个工位，每个工位包含 3 个任务：

①查找高速 CAN 总线系统控制单元；

②查找低速 CAN 总线系统控制单元；

③观摩操作过程及记录测量结果或操作要点。

（四）考核（20 min）

随机抽取 10 名学员分为 5 组进行考核。

（五）答疑及总结（10 min）

教师答复学员所提出的相关疑问；若学员无疑问，则带领学员回顾 CAN 总线在汽车上的应用领域及在实训车辆上查找 CAN 总线系统。

三、完成任务工单

实训　认知 CAN 总线系统结构

学号：＿＿＿＿＿＿＿＿　姓名：＿＿＿＿＿＿＿＿＿＿　日期：＿＿＿＿＿＿＿＿＿

按照正确的操作步骤，查找 CAN 总线系统。

①关闭点火开关；

②按照维修手册操作步骤，使用专用工具拆卸装饰板、盖板等部件；

③按照电路图说明，在实训车辆上查找 CAN 总线系统，并将结果记录在下表中。

CAN 总线系统检查记录表

CAN 总线系统	控制单元名称	位置	颜色	线径
高速 CAN 总线系统				
低速 CAN 总线系统				

四、技术要求和标准

①操作方法符合维修手册的要求；
②按照电路图正确分析 CAN 总线系统；
③根据维修手册的数据分析检查结果。

五、实训注意事项

①进入车间应穿工鞋、戴工帽；工作服应穿戴整齐，无皮肤裸露；操作时不可佩戴手表等金属饰品，以防划伤车辆表面。

②操作电气设备时应注意用电安全，作业结束之后，应及时切断一切用电设备的电源。

③在对车辆电气设备端子进行检测时，必须使用万用表线组等工具，避免用万用表表笔直接测量，导致接触器虚接。

④若因检测需求需要拆卸某些部件时，必须严格按照维修手册标准进行拆卸，严禁暴力拆卸，防止损坏元件。

⑤非必要情况下，严禁对线束内部进行分解检测，对线束破损、裸露部分应使用电工胶布或热缩管做好绝缘处理。

【任务评价反馈】

项目—任务三		认识 CAN 总线系统结构				
学生基本信息	姓名		学号		班级	
	组别		时间		成绩	
能力要求		具体内涵		评分标准	分值	得分
专业能力	CAN 总线认知	a. 实施准备		10	70	
		b. 维修手册的正确查阅		10		
		c. 拆装装饰件、盖板等部件		10		
		d. 认知高速 CAN 总线系统		10		
		e. 认知低速 CAN 总线系统		10		
		f. 观摩示波器、数字万用表测量过程及记录判定结果		10		
		g. 整理工具、清理现场		5		
		h. 安全用电，防火，无人身、设备事故		5		
	具体要求	分成 6 组，每小组由 4 至 6 名学生组成，每组完成时间为 60 min				
社会能力	团队合作	是否和谐		5	15	
	劳动纪律	是否严格遵守		5		
	沟通讨论	是否积极有效		5		

方法能力	制订计划	是否科学合理	5	15	
	学习新技术能力	是否具备	5		
	总结能力	能否正确总结	5		
下一步改进措施					

考核教师签字	结果评价	项目成绩

【知识拓展】

CAN 通信控制器 82C200

CAN 的通信协议主要由 CAN 控制器完成。CAN 控制器主要由实现 CAN 总线协议部分电路和与微控制器接口部分电路组成。

对于不同型号的 CAN 总线通信控制器，实现 CAN 协议部分电路的结构和功能大都相同，而与微控制器接口部分电路的结构及方式存在一些差异。

这里主要以 PHILIPS82C200 (SJA1000) 为代表对 CAN 控制器的结构、功能（图 1-32）及应用加以介绍。

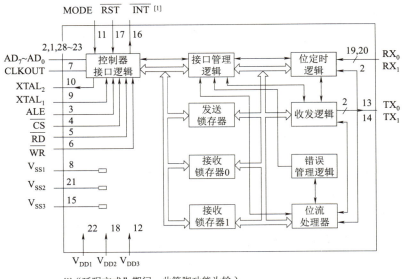

[1] "睡眠方式" 期间，此管脚功能为输入

图 1-32　CAN 控制器 SJA1000 结构与功能

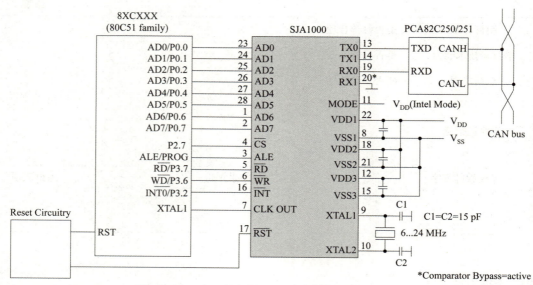

图 1 - 32　CAN 控制器 SJA1000 结构与功能（续）

　　SJA1000 是一个独立的 CAN 控制器，在系统中的位置如图 1 - 33 所示。它在汽车和普通的工业应用上有先进的特征，适合多种应用，特别在系统优化诊断和维护方面。

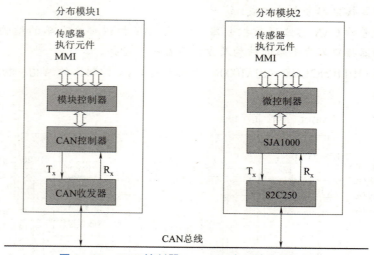

图 1 - 33　CAN 控制器 SJA1000 在系统中的位置

　　SJA1000 独立的 CAN 控制器有 2 个不同的操作模式：

　　①BasicCAN 模式：和 PCA82C200 兼容。BasicCAN 模式是上电后默认的操作模式，因此用 PCA82C200 开发的已有硬件和软件可以直接在 SJA1000 上使用而不用做任何修改。

　　②PeliCAN 模式：是新的操作模式。它能够处理所有 CAN2.0B 规范的帧类型。而且它还提供一些增强功能，使 SJA1000 能应用于更宽的领域。

　　工作模式通过时钟分频寄存器中的 CAN 模式位来选择，复位时默认模式是 BasicCAN 模式。

【赛证习题】

一、填空题

1. CAN 节点的硬件由_____、_____和_____三部分组成。

2. 驱动 CAN 和舒适 CAN 之间由于传递速率不同，必须通过_____进行转换。

3. CAN 总线的每根导线都传送相位相反、数值相同的信息，目的是_____。

4. CAN 两端都接一个_____的电阻器，即连接在双绞线的两端，终端电阻可防止信号在传输线终端被反射并以回波的形式返回，影响数据的正确传送。

5. 大众车系中，发动机控制单元的中央末端电阻阻值为_____，其他控制单元内的电阻阻值为_____。

二、判断题

( ) 1. 星形网拓扑结构的一个节点出现故障可能会终止全网运行，因此可靠性较差。

( ) 2. 在驱动 CAN 总线中，终端电阻的作用是防止产生反射波。

( ) 3. 大众车系动力 CAN 总线系统的终端电阻采用分配式电阻。

( ) 4. 舒适 CAN 总线系统中 CAN – H 和 CAN – L 之间没有终端电阻。

( ) 5. Gateway 指的是控制单元。

( ) 6. CAN 总线中，无论高速 CAN 总线还是低速 CAN 总线，基本组成结构完全相同。

( ) 7. 在 CAN 节点中，CAN 控制器用来实现数字信号与总线电压信号之间的转换。

三、简答题

车载网络中网关起什么作用？

思政园地：德国制造"Made in Germany"曾是屈辱的标志?

任务四

分析 CAN 总线系统通信故障

【任务目标】

微课 项目一任务4

1. 知识目标

（1）熟悉总线系统的组成及结构；

（2）了解 CAN 总线系统的信号转换原理；

（3）了解 CAN 数据总线的数据传递过程；

（4）掌握 CAN 总线系统的数据传输方式及优先级；

（5）了解 CAN 总线系统抗干扰的原理。

重点和难点：

（1）判断智能网联汽车总线系统故障；

（2）检测智能网联汽车总线系统。

2. 技能目标

（1）能通过万用表、示波器诊断智能网联汽车总线系统故障；

（2）能根据电路图检测、判断智能网联汽车总线系统故障。

3. 思政目标

（1）培养学生严谨认真的工作态度；

（2）培养学生将所学知识转化为国家发展和人民生活水平提高的推动力；

（3）培养学生心系国家、脚踏实地、立足社会的价值观。

【任务导入】

故障现象：一辆搭载 1.8 T 汽油发动机的一汽 - 大众迈腾轿车无法起动，进站维修，使用诊断仪进行故障诊断，无法进入自诊断系统。

原因分析：根据故障现象，经检测，怀疑是 CAN 总线数据传输错误，导致汽车网络无法通信。如果你是某 4S 店的专业维修技师，你该如何进行进一步维修？

【任务分析】

要对 CAN 总线数据传输过程进行维修，首先需了解其原理及诊断方法。

一、CAN 总线的信号转换原理

1. 总线电压信号到逻辑信号的转换

总线电压信号到逻辑信号的转换主要由 CAN 收发器来完成。CAN 收发器将 CAN 控制器提供的数据转换成电信号，然后通过数据总线发送出去，同时也接收总线数据，并将数据传送给 CAN 控制器。

2. 逻辑信号到总线电压信号的转换

等效分析："1"——5 V；"0"——0 V。

将三极管电路等效为开关电路，引导分析"0""1"信号到总线电压信号的转换。

3. CAN 总线电压信号与数字信号间的关系

CAN 总线电压信号与数字信号间的关系如图 1 – 34 所示。

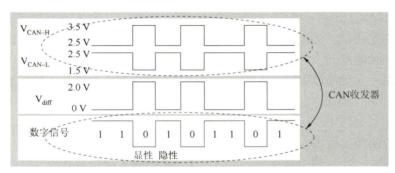

图 1 – 34　CAN 总线电压与数字信号之间的关系

二、CAN 数据总线的数据传递

（一）数据传递过程

提供数据：控制单元向 CAN 控制器提供需要发送的数据。

发送数据：CAN 收发器接收由 CAN 控制器传来的数据，转为电信号并发送。

接收数据：CAN 系统中，所有控制单元转为接收器。

检查数据：控制单元检查判断所接收的数据是否为所需要的数据，

接受数据：如接收的数据重要，将接受并进行处理，否则忽略。

（二）数据的形成

1. 数据的组成

CAN 数据总线在极短的时间里，在各控制单元间传递数据，可将所传递的数据分为 7 个部分（见图 1 –35），位数的多少由数据域的大小决定。（一位是信息的最小单位——

单位时间电路状态。在电子学中，一位只有 0 或 1 两个值，也就是只有"是"和"不是"两种状态。）

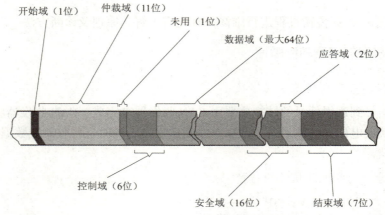

图 1 - 35 数据的组成

2. 数据域定义

开始域：标志数据开始。带有大约 5 V 电压（由系统决定）的 1 位，被送入高位 CAN 线；带有大约 0 V 电压的 1 位被送入低位 CAN 线。

仲裁域：判定数据中的优先权。如果两个控制单元都要同时发送各自的数据，那么，具有较高优先权的控制单元，优先发送。

控制域：显示在数据域中所包含的信息项目数。在本部分允许任何接收器检查是否已经接收到所传递过来的所有信息。

数据域：在数据域中，信息被传递到其他控制单元。

安全域：检测传递数据中的错误

应答域：在此，接收器信号通知发送器，接收器已经正确收到数据。若检查到错误，接收器立即通知发送器，发送器然后再发送一次数据

结束域：标志数据报告结束，在此是显示错误并重复发送数据的最后一次机会。

（三）数据协议

数据由多位构成，每 1 位只有 0 或 1 两个值或状态，下面以灯开关为例说明带有 0 或 1 的状态是如何产生的。灯开关打开或关闭，这说明灯开关有两个不同的状态。灯开关处于值 1 的状态意为开关闭合，灯亮；开关处于值 0 的状态意为开关打开，灯不亮。

从原理上讲，CAN 数据总线的功能与此完全相同，CAN 发送器也能产生 2 个不同位状态。

位值为 1 的状态：CAN 发送器打开，在舒适系统中电压为 5 V，在动力传动系统中，电压大约为 2.5 V。相同电压施加在传递线上。

位值为 0 的状态：CAN 发送器关闭，接地；传输线同样接地，大约为 0 V。

通过 2 个位，可以产生 4 个变化，每 1 项信息均可以由一个变化状态表示，并与所有的控制单元相联系。

以总线上传递冷却液温度信息为例理解 CAN 总线数据协议，如表 1 - 3 所示，随着数据

位数（bit）的增多，可以显示的冷却液温度信息也就越精细。当数据位只有 1 bit 时，只能显示 2 种冷却液温度信息；当数据位有 2 bit 时，能显示 4 种冷却液温度信息；当数据位有 3 bit 时,能显示 8 种冷却液温度信息。随着位数的增多，显示的状态信息也就越精确，当需要显示 2^n 种状态时，需要至少 n bit 的数据位，这样每一种状态对应一个二进制数的组合，形成的就是数据协议。

表 1 - 3　冷却液温度与数据状态对应表

1 bit 的变化	可能的信息	2 bit 的变化	可能的信息	3 bit 的变化	可能的信息
0 V	10 ℃	0 V, 0 V	10 ℃	0 V, 0 V, 0 V	10 ℃
5 V	40 ℃	0 V, 5 V	20 ℃	0 V, 0 V, 5 V	15 ℃
		5 V, 0 V	30 ℃	0 V, 5 V, 0 V	20 ℃
		5 V, 5 V	40 ℃	5 V, 5 V, 5 V	25 ℃
				5 V, 0 V, 0 V	30 ℃
				5 V, 0 V, 5 V	35 ℃
				5 V, 5 V, 0 V	40 ℃
				5 V, 5 V, 5 V	45 ℃

三、数据传输方式

根据发送装置向接收装置传输信息时各字节的传输方式不同，数据传输方式分为并行传输和串行传输两种形式。数据的传输速率（速度）一般使用位传输速率（亦称比特率）表示，其定义为每秒传输的数据位数（bit），单位为 bit/s。

目前汽车上并行数据传输方式多在控制单元内部线路中使用，而在控制单元外部传输信息则大都以串行传输方式进行。

1. 并行传输

并行传输由发送装置、数据、接收装置、最高值数位（MSB）、最低值数位（LSB）组成，如图 1 - 36 所示。

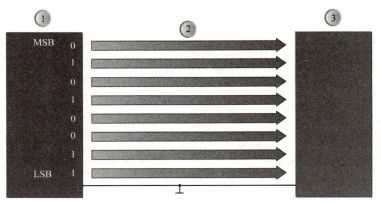

图 1 - 36　并行传输

1—发送装置；2—数据；3—接收装置；MSB—最高值数位；LSB—最低值数位

项目一　车载网络 CAN 总线系统

2. 串行传输

串行传输由发送装置、数据、接收装置组成，如图 1 - 37 所示。

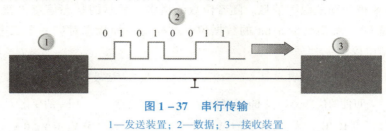

图 1 - 37　串行传输

1—发送装置；2—数据；3—接收装置

四、CAN 数据总线的数据优先顺序

如果多个控制单元要同时发送各自的数据，那么系统就必须决定哪个控制单元首先进行发送。具有最高优先权的数据首先发送（图 1 - 38）。

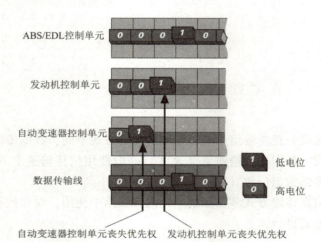

图 1 - 38　数据优先顺序

出于安全考虑，由 ABS/EDL 控制单元提供的数据比自动变速器控制单元提供的数据（驾驶舒适）更重要，因此具有优先权。CAN 总线的优先权顺序如表 1 - 4 所示。

表 1 - 4　CAN 总线的优先权顺序

优先权顺序	数据协议	信息
1	ABS/EDS 控制单元	发动机牵引力矩控制请求
2	发动机控制单元 1 号数据协议	发动机转速、节气门位置、强制降挡
3	发动机控制单元 2 号数据协议	冷却液温度、车速
4	自动变速箱控制单元	选挡杆位置、变速箱紧急运行、行驶挡位切换

五、CAN 数据总线的抗干扰

车辆在工作过程中，电火花和电磁开关联合作用会产生电磁干扰，移动电话和发送站以及任何产生电磁波的物体会产生电磁干扰。电磁干扰能够影响或破坏 CAN 的数据传送。

为防止数据传输受到干扰，2 根数据传输线缠绕在一起，这样可以防止数据线所产生的辐射噪声干扰数据传输。2 根数据线上的电压是相反的，若一根数据线上的电压约为 0 V，则另一根数据线上的电压就是约为 5 V。这样 2 根线的总电压值仍保持一个常值，从而所产生的电磁场效应由于极性相反而相互抵消，数据传输线通过这种方法得到保护而免受外界辐射干扰。同时，向外辐射时，实际上保持中性（即无辐射）。CAN 数据总线抗干扰原理如图 1 – 39 所示。

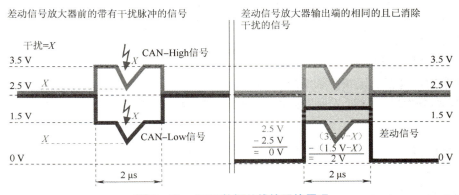

图 1 – 39　CAN 数据总线抗干扰原理

【任务实训】

一、实训前准备

1. 实训场地及设备工具准备

场地：6 个工位，车辆 6 辆（各型车辆）。

设备：万用表、电路图、试电笔。

专用工具：示波器、诊断仪。

常用工具：120 件套、螺丝刀、扭力扳手、工具车。

2. 学生组织

分成 6 组，每小组由 4 至 6 名学生组成，每组完成单次练习时间为 60 min。

二、实训安排

1. 准备

①按照工位说明准备工位；

②将车辆正确停放在工位上；

③铺设车辆防护用品；

④提前检查数组总线诊断接口功能；

⑤准备维修手册；

⑥准备灭火器。

2. 讲解与示范（30 min）

①安全注意事项及纪律要求；

②拆装步骤、要求及注意事项；

③教师示范数据总线诊断接口各功能操作及故障说明；

④教师示范检测 CAN 总线电压及波形并分析、判断 CAN 总线故障。

3. 分组练习与工位轮换（60 min）

学员分为 6 组，每组一个工位：

①检测 CAN 总线电压；

②检测 CAN 总线波形；

③观摩操作过程及记录测量结果或操作要点。

每组学员分为两个小组，分别完成两项任务，每个小组单次练习 30 min，然后进行组内交换。

4. 考核（20 min）

随机抽取 10 名学员分为 5 组进行考核。

5. 答疑及总结（10 min）

教师答复学员所提出的相关疑问；若学员无疑问，则带领学员回顾 CAN 总线电压及波形检测的操作步骤、要点及注意事项。

三、完成任务工单

实训　分析 CAN 总线系统通信故障

学号：＿＿＿＿＿＿＿＿＿　姓名：＿＿＿＿＿＿＿＿＿　日期：＿＿＿＿＿＿＿＿＿

按照正确的操作步骤，对数据总线诊断接口 CAN 总线电压及波形进行检测。

1. 检测 CAN 总线电压

①按照维修手册操作步骤，拆卸前部刮水器及流水槽盖板，拆卸刮水器电机控制单元（从控制单元）插接器；

②打开点火开关，操作刮水器开关，使用万用表检测刮水器电机控制单元端 CAN 总线电压。

2. 检测 CAN 总线波形

①拆卸车载电网控制单元（主控制单元）插接器，将示波器连接到车载电网控制单元端 CAN 总线上。

②打开点火开关，进入检测界面，操作刮水器开关，读取并分析 CAN 总线波形。

3. 数据记录与分析

根据测量值，判断数据总线诊断接口 CAN 总线故障部位，并将检查结果记录在下表中。

数组总线诊断接口 CAN 总线故障检测表

测量部位	测量项目	测量位置		测量结果	结果分析
CAN 总线	电压				
	电压				
	波形				
	波形				
CAN 总线 主控制单元	电压				
	电压				
CAN 总线 从控制单元	电压				
	电压				

4. 故障排除

安装拆卸的相关部件，将刮水器开关置于开启位置，验证故障是否排除，并将车辆恢复至完好状态。

5. 整理

清洁车辆，整理工具及设备，清洁场地卫生。

四、技术要求和标准

①操作方法符合维修手册的要求；
②按照电路图正确分析故障；
③根据维修手册的数据分析测量结果并判断故障。

五、实训注意事项

1. 安全注意事项

①清洁 CAN 总线插接器及数据线；
②注意线路短路等易起火的因素。

2. 操作注意事项

①拆卸时注意插接器与线束之间的连接；
②注意防护数据总线诊断接口传动机构。

【任务评价反馈】

项目一任务四	分析 CAN 总线系统通信故障					
学生基本信息	姓名		学号		班级	
	组别		时间		成绩	
能力要求	具体内涵			评分标准	分值	得分
专业能力	检查数据总线诊断接口电路故障	a. 实施准备 b. 检查 CAN 总线电压 c. 检查 CAN 总线波形 d. 观摩操作过程及记录测量结果或操作要点 e. 整理工具、清理现场 f. 安全用电，防火，无人身、设备事故		10 20 20 10 5 5	70	
	具体要求	分成 6 组，每小组由 4 至 6 名学生组成，每组完成单次练习时间为 60 min				
社会能力	团队合作	是否和谐		5		
	劳动纪律	是否严格遵守		5	15	
	沟通讨论	是否积极有效		5		
方法能力	制订计划	是否科学合理		5		
	学习新技术能力	是否具备		5	15	
	总结能力	是否正确总结		5		
下一步改进措施						
考核教师签字	结果评价				项目成绩	

【知识拓展】

CAN 总线终端电阻抗干扰原理

　　CAN 总线 ISO 11898 协议规定，CAN 总线必须在网络的两端安装合适的总线终端电阻，如图 1-40 所示。

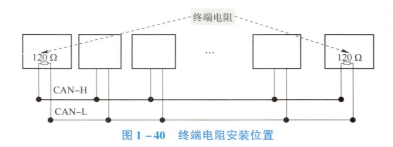

图 1-40　终端电阻安装位置

终端电阻是为了消除在通信电缆中的信号反射。在通信过程中，有两种情况将导致信号反射：阻抗不连续和阻抗不匹配。

阻抗不连续，表现为信号在传输线末端突然遇到电缆阻抗很小甚至没有的情形，则信号在这个地方就会引起反射。这种信号反射的原理，与光从一种媒质进入另一种媒质要引起反射是相似的。若要消除这种反射，就必须在电缆的末端跨接一个与电缆的特性阻抗同样大小的终端电阻，使电缆的阻抗连续。由于信号在电缆上的传输是双向的，因此，在通信电缆的另一端需跨接一个同样大小的终端电阻。

阻抗不匹配，主要表现在当通信线路处在空闲方式时，整个网络数据混乱。为了提高网络节点的拓扑能力，CAN 总线两端需要接有 120 Ω 的抑制反射的终端电阻，它对匹配总线阻抗起着非常重要的作用，如果忽略此电阻，会使数字通信的抗干扰性和可靠性大大降低，甚至无法通信。

终端电阻通常由下列参数决定：
①总线系统的数据传输频率；
②传输路径上的电感或电容负荷；
③进行数据传输的电缆长度。

【赛证习题】

一、填空题：

1. 总线电压信号到逻辑信号的转换主要由＿＿＿＿＿＿来完成。

开始域：标志数据开始。带有大约 5 V 电压（由系统决定）的 1 位，被送入高位 CAN 线；带有大约 0 V 电压的 1 位，被送入低位 CAN 线。

2. 判定数据中的优先权的是＿＿＿＿＿＿域。如果两个控制单元都要同时发送各自的数据，那么具有较优先权的控制单元优先发送。

3. 数据域大小为＿＿＿＿＿＿，数据域位数越多，包含数据信息越＿＿＿＿＿＿。

二、判断题

（　）1. 一个完整的 CAN 数据包括 8 个域。

（　）2. CAN 总线的传输方式属于并行传输。

（　）3. 为防止数据传输受到干扰，2 根数据传输线缠绕在一起，这样可以防止数据线所产生的辐射噪声。

三、简答题

写出图中的图注名称。

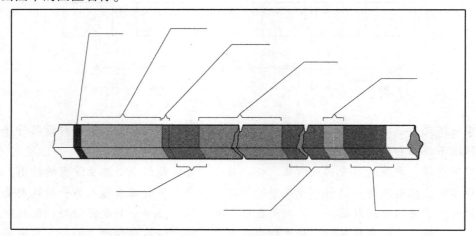

思政园地：科技闪耀
冬奥会

任务五

诊断 CAN 总线系统常见故障

【任务目标】

1. 知识目标

（1）掌握汽车 CAN 总线系统的检测方法；
（2）了解汽车 CAN 总线系统的故障类型；
（3）掌握汽车 CAN 总线系统的故障维修。
重点和难点：
（1）汽车 CAN 总线系统的检测方法；
（2）汽车 CAN 总线系统的故障维修。

微课　项目一任务 5

2. 能力目标

（1）能够进行汽车 CAN 总线系统的故障检测；
（2）能够进行汽车 CAN 总线系统的故障分析；
（3）能够对汽车 CAN 总线系统进行故障维修。

3. 思政目标

（1）培养学生对国家的制度自信和文化自信；
（2）培养学生对行业发展过程和趋势的判断能力；
（3）培养学生实干兴国、踏实奋斗的职业素养。

【任务导入】

　　故障现象：一辆 2020 款一汽 – 大众迈腾轿车，行驶里程 10 000 km，用户反映该车点火开关打开时，发动机无法着车，仪表上发动机、ABS、安全气囊等多个故障灯同时点亮。

　　原因分析：根据车辆故障现象，维修人员初步分析，该故障可能是由 CAN 总线故障引起的，从而使得发动机无法与其他控制模块通信，导致车辆无法起动。如果你是维修技师，你该如何检修？

【任务分析】

　　在维修该故障前，需了解、熟悉 CAN 总线系统的故障类型及检测方法，在此基础上，

才能按照思路进行诊断和故障排除。

一、CAN 总线的故障检测

（一）休眠模式及静态电流的检测

1. CAN 总线的休眠模式

为降低车辆不运行时的电能损耗，汽车 CAN 总线通常具备休眠模式。休眠模式，是指在汽车熄火或下电一段时间后，整车自动进入一种用电量非常小的状态，因而也称为"低能耗模式"。休眠模式是 CAN 总线网关（BSI、智能服务器）的软件设置，休眠模式下，所有的控制过程都是在 CAN 网络内不动声色地进行着。需要说明的是，在大部分车型中，休眠模式仅存在于舒适 CAN 总线和信息娱乐 CAN 总线系统等低速总线中，驱动 CAN 总线系统等高速总线不具有休眠模式。在休眠模式下，高位线 CAN – H 的电压为 0 V，低位线为电瓶电压 12 V。休眠模式的主要作用是：

①减少在点火开关关闭以后蓄电池电能的无谓消耗，使蓄电池经常保持充足电量；

②当 CAN 多路数据传输系统中某个控制单元出现故障时，不至于因"寄生电流"过大而导致蓄电池亏电。

一般来说，当汽车关闭点火开关，锁上车门 35 s 以后，或者未锁车门不进行任何操作 10 min 以后，系统自动进入休眠状态，此时数据总线系统由运行电流 150 mA 转为休眠电流（亦称静态电流、暗电流）6 ~ 8 mA，给电子防盗系统等供电。当网关接收到打开任一车门、发动机盖、后备厢盖或者操作遥控器的信号时，数据总线系统将结束休眠模式，系统内所有的控制单元被唤醒，唤醒电流大约为 700 mA，整个过程如图 1 – 41 所示。若系统电路或控制单元有故障，会导致 CAN 总线无法进入休眠模式。若故障长时间存在，将使蓄电池亏电。这一故障俗称为汽车"漏电"或"跑电"。

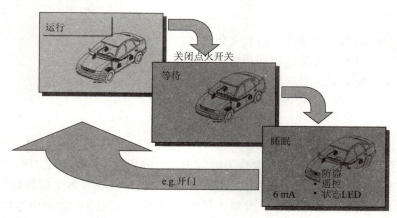

图 1 – 41　休眠模式的进入、终止与唤醒过程

2. 静态电流的检测

当出现"漏电"故障，蓄电池亏电时，应首先判断"漏电"是由一般性的电气故障引起的还是由 CAN 总线的休眠/唤醒功能出现问题引起的。可先采用依次拔除电路熔断器的方法加以判别。如果将某个电路的熔断器拔除后，故障消失，则说明"漏电"是由一般性的

电气故障引起的。顺着这条被拔除熔断器的电路逐段检查线束，顺藤摸瓜，就可以找到故障点，并加以排除。如果"漏电"不是由一般的电气故障引起的，那就可能是 CAN 总线出现故障，导致无法进入休眠模式了。此时，可利用专用检测仪器对总线波形和静态电流进行检测。

连接好专用诊断仪，将发动机熄火，关闭所有用电设备，用遥控器锁好车门。等待 10 min 后，开始利用专用检测仪检测静态电流和总线波形。如果经过检测，断定"漏电"是总线系统无法进入休眠模式引起的，则可利用专用故障诊断仪的故障引导功能做进一步的诊断和检查。

（二）CAN 总线终端电阻的检测

1. 终端电阻的作用

高频信号传输时，信号波长相对传输导线较短，信号在传输导线终端会形成反射波，干扰原来的信号，所以需要在传输导线的末端加装终端电阻，使信号到达传输导线末端后不再反射，终端电阻一般装在系统（驱动 CAN 总线）的两个控制单元内。如果终端电阻出现故障，则总线路上出现反射信号的干扰，可能导致 CAN 总线无法正常工作。可用数字示波器 DSO 对 CAN 总线信号进行检测，如果实测 CAN 总线信号波形与标准信号波形不符，则可能为终端电阻损坏。

所以，为避免信号反射，在 2 个 CAN 总线电控单元上（在 CAN 网络中的距离最远）分别连接一个 120 Ω 的终端电阻。这 2 个终端电阻并联，并构成一个 60 Ω 的等效电阻。关闭供电电压后，可在数据线之间测量该等效电阻。此外，单个电阻可各自分开测量，如图 1-42 所示。若要对 60 Ω 等效电阻进行测量，则需要把一个便于拆装的控制单元从总线上脱开，然后在插头上测量 CAN - L 导线和 CAN - H 导线之间的电阻，如图 1-42 所示。

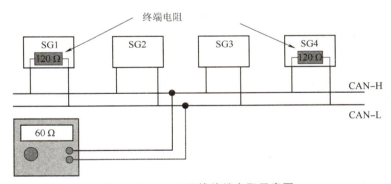

图 1-42　CAN 总线终端电阻示意图

2. 终端电阻的测量步骤

①将蓄电池正、负极接线柱上的导线（电缆）拆下。

②等待大约 5 min，直到所有电容器都充分放电。

③使用万用表，连接测量导线，测量终端电阻的总阻值并记录。

④将一个带有终端电阻的控制单元（如发动机控制单元）的线束插头拔下来，观察终端电阻的总阻值是否发生变化。

⑤将第一个控制单元（带有终端电阻，如发动机控制单元）的线束插头连接好，再将

第二个控制单元（带有终端电阻，如 ABS 控制单元）的线束插头拔下来，观察终端电阻的总阻值是否发生变化。

3. 测量结果的分析

1）驱动 CAN 总线的总阻值分析

带有终端电阻的两个控制单元是由 CAN 导线连接相通的，两个终端电阻在总线上处于并联连接状态。测量的结果是每一个终端电阻的阻值大约为 120 Ω，总的阻值约为 60 Ω。需要注意的是，单个终端电阻的阻值不一定是 120 Ω 左右，其具体数值依总线结构的不同而异。

2）驱动 CAN 总线的单个阻值分析

在总的阻值测量后，将一个带有终端电阻的控制单元的线束插头拔下，再进行测量，此时，屏幕上显示的阻值应发生变化（这是测量一个控制单元的终端电阻值）。如果将一个带有终端电阻的控制单元的线束插头拔下后，测量得到的阻值没有发生变化，则说明系统中存在问题。可能是被拔除的控制单元的终端电阻损坏，或者是 CAN 总线出现断路。如果在拔除控制单元后显示的阻值变为无穷大，那么，可能是未被拔除的控制单元的终端电阻损坏，或者是到该控制单元的 CAN 总线导线出现断路故障。大众车系 CAN 总线终端电阻见表 1 − 5 所示。

表 1 − 5　大众车系 CAN 总线终端电阻

CAN 总线	低电阻总线终端控制单元	阻值	高电阻总线终端控制单元	阻值
驱动 CAN 总线	发动机控制单元	66 Ω	其他控制单元	2.6 kΩ
舒适 CAN 总线	中央控制单元	560 Ω	其他控制单元	5.6 kΩ
	车门控制单元	1 kΩ		
	网关	560 Ω		
信息娱乐 CAN 总线	网关	560 Ω	组合仪表	2.6 kΩ

（三）总线信号电压的测量

1. 驱动 CAN 总线的信号电压

1）驱动 CAN 总线的信号电压的基本特性

驱动 CAN 总线没有信息传递时，称为"隐性"状态，有信息传递时称为"显性"状态。相应的信号电压，称为"隐性电压"和"显性电压"。如图 1 − 43 所示，其信号电压：CAN − H 的显性电压为 3.5 V（高电平），CAN − H 的隐性电压为 2.5 V（低电平）；CAN − L 的隐性电压为 2.5 V（高电平），CAN − L 的隐性电压为 1.5 V（低电平）。因显性电压显示时间较短，在用万用表测量 CAN − H 和 CAN − L 的电压时，只能显示出隐性值，即 2.5 V，但实际测量值分别约为 2.6 V 和 2.4 V，如图 1 − 44 所示。

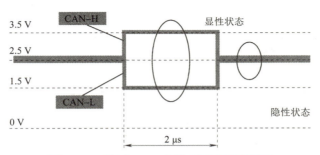

图 1-43　驱动 CAN 总线电压测量示意图

2）驱动 CAN 总线的信号电压的检测方法

驱动 CAN 总线信号电压的检测方法如下：

①查阅车辆维修手册，在车上找到驱动 CAN 总线系统的传输导线。

②关闭点火开关，等待 2～5 min，测量驱动 CAN 总线的隐性电压，CAN-H 的为 2.5 V，CAN-L 的为 2.5 V。

③打开点火开关，关闭车门，测量驱动 CAN 总线显性电压，CAN-H 的为 3.5 V，CAN-L 的为 1.5 V。

图 1-44　测量 CAN 总线的信号电压

2. 舒适 CAN 总线的信号电压

1）舒适 CAN 总线的信号电压的基本特性

舒适 CAN 总线没有信息传递时，称为"隐性"状态，有信息传递时称为"显性"状态。相应的信号电压，称为"隐性电压"和"显性电压"，如图 1-45 所示。显性电压 CAN-H 为 3.6 V，CAN-L 为 1.4 V；隐性电压 CAN-H 为 0 V，CAN-L 为 5（12）V。

2）舒适 CAN 总线的信号电压的检测方法

舒适 CAN 总线信号电压的检测方法如下：

①查阅车辆维修手册，在车上找到舒适 CAN 总线系统的传输导线。

②关闭点火开关，等待 2～5 min，测量舒适 CAN 总线的隐性电压，CAN-H 应为 0 V，CAN-L 应为 5（12）V。

③打开点火开关，关闭车门，测量舒适 CAN 总线显性电压，CAN-H 应为 3.6 V，CAN-L 应为 1.4 V。

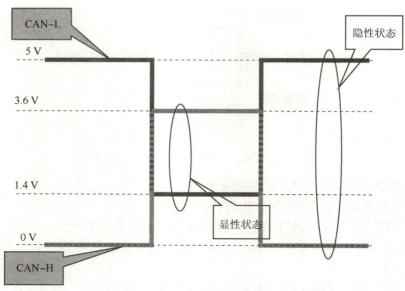

图 1 - 45　舒适 CAN 总线电压测量示意图

（四）总线波形的测量

CAN 波形分析是判断 CAN 总线系统故障的主要手段，即通过示波器，以波形图的形式检查 CAN - H 与 CAN - L 的工作情况。需要说明的是，CAN 总线系统正常工作情况下，CAN - H 与 CAN - L 的波形相同，极性相反，且最大电压值相等。如图 1 - 46、图 1 - 47 所示。

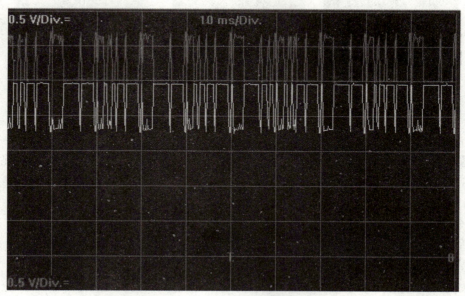

图 1 - 46　驱动 CAN 总线波形

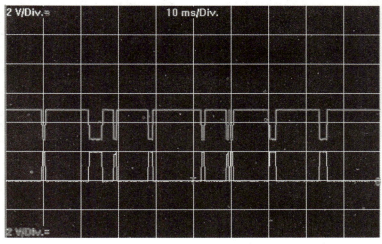

图 1 - 47　舒适 CAN 总线波形

下面介绍 CAN 总线波形的检测方法：

①打开博世 FSA740 的电源开关，启动诊断仪；

②在车上找到对应 CAN 数据总线的双绞线，将 CH1、CH2 测试线连接到 CAN - H 和 CAN - L 数据传输线上，负极线连接到蓄电池负极上；

③选择通用示波器功能，进入示波器检测界面；

④打开点火开关，检测对应 CAN 总线的波形是否符合标准，进行波形分析；

⑤若不正常，查阅维修手册，找到所检测的 CAN 总线各节点控制单元及导线接点位置；

⑥逐一断开各控制单元插接件，观察波形是否恢复正常，若正常，说明控制单元损坏，若不正常，说明 CAN 传输导线故障；

⑦逐一断开 CAN 总线线束接点，观察波形是否恢复正常，若正常，说明导线故障，仔细查找故障部位并排除；

⑧再次进行波形检测，确定总线故障已排除；

⑨检测完毕，关闭点火开关，取下测试导线，放置到仪器的支架上；

⑩退出检测仪，关闭电源开关，整理仪器及设备。

二、CAN 总线的故障类型

CAN 总线系统出现故障时，维修人员应首先检测 CAN 总线系统是否正常。因为如果 CAN 总线系统有故障，则 CAN 总线系统中的有些信息将无法传输，接收这些信息的电控模块将无法正常工作。对于 CAN 总线系统故障的维修，应根据 CAN 总线系统拓扑结构进行具体分析。

对于单独某一个总线系统，常见故障类型有以下三种：

（一）低压电源故障引起的总线系统故障

汽车 CAN 总线系统的核心部分是含有通信 IC 芯片的电控单元，控制单元的正常工作电压在 10.5 ~ 15 V 的范围内，若汽车电源系统提供的工作电压低于或高于该值，就会造成总线上的控制单元以及网关停止工作，从而使 CAN 总线系统无法与 MICU（Micro - Control Unit）控制单元通信，如图 1 - 48 所示。

图 1-48　蓄电池低压过低

1. 故障现象

车辆无法行驶,仪表报动力电池断开、整车故障、能量回收关闭。控制单元无法工作或偶尔无法工作,读取故障码为与 MICU 通信丢失。

2. 故障原因分析

由于控制单元没有达到工作电压,控制单元无法工作,从而造成该控制单元无法正常接收与发送报文,在该 CAN 总线上的其他控制单元产生与 MICU 通信丢失故障码。电源电压不足的原因主要是蓄电池、发电机、供电线路、熔断丝等元器件出现故障。

3. 故障诊断方法

应根据低压电路图分析查找具体的故障部位,检查蓄电池电压、发电机工作情况;熔断丝、接插件的连接情况;搭铁处的连接情况等。如供电电压不足,应给蓄电池充电,使其电压保持在 10.5 V 以上。

(二) CAN 总线系统的链路故障

链路是指各节点之间的通信连接线路故障。链路故障是指 CAN 总线系统传输导线不畅通或物理性质被改变,导致数据无法正常通信的故障,如通信线路的短路、断路以及线路物理性质引起的通信信号衰减或失真。如图 1-49 所示,这些因素都会引起多个控制单元无法正常工作或控制系统出现错误动作。

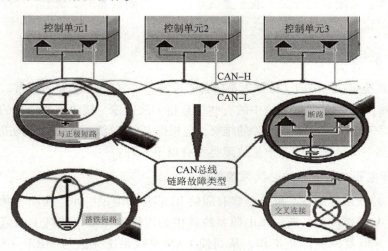

图 1-49　链路故障的主要形式

链路故障一般采用测量系统电阻、电压的方法进行检测，或者用示波器观察当前的数据通信波形是否与标准数据波形相符。

1. 故障类型

通信线路的短路故障分为以下几种情况：

1）不带电阻的直接短路

①CAN – H/CAN – L 对地短路；

②CAN – H/CAN – L 对正极短路。

2）带电阻的直接短路

这类短路故障通常指由破损的线束导致的短路。破损的线束靠近接地或者正极，经常还带有潮气，这将使该处产生连接电阻。

①CAN – H/CAN – L 对地短路；

②CAN – H/CAN – L 对正极短路。

2. 故障诊断

下面结合故障案例，对 CAN 总线系统的链路故障进行诊断分析。

1）故障现象

车辆无法行驶，仪表报动力电池断开、整车故障、能量回收关闭。MICU 控制单元无法工作或偶尔无法工作，读取故障码为与 MICU 通信丢失故障码。

2）故障原因分析

①CAN 总线的双绞线中 CAN – H 与 CAN – L 之间出现短路。

②CAN 总线的双绞线中 CAN – H 或 CAN – L 出现断路。

③CAN 总线的双绞线中 CAN – H 或 CAN – L 搭铁短路。

④CAN 总线的双绞线中 CAN – H 或 CAN – L 对正极短路。

⑤低压插件接触不良。

⑥CAN 总线系统受干扰严重。

3）故障诊断方法

①关闭点火开关，并将蓄电池断电 10 min 以上（让各个控制单元以及电器中的电容充分放电），将 MICU 接插件拆下，利用万用表电阻挡测试 CAN – H 与 CAN – L 脚之间的阻值是否为 60 Ω。如果为 60 Ω，说明线路连接良好，如果不是 60 Ω，则说明线路有问题，进行下面的测试。

②CAN 总线的双绞线中 CAN – H 与 CAN – L 之间出现互相短路。利用数字示波器同时测试 CAN – H 与 CAN – L 脚波形，如果出现图 1 – 50 所示的波形，说明 CAN 总线的双绞线中 CAN – H 与 CAN – L 之间出现互相短路，根据电路图查找相应的故障部位，一般情况下，如果 CAN 总线的双绞线中 CAN – H 与 CAN – L 之间出现相互短路，CAN 总线系统中的各个控制单元将无法进行数据通信。

③CAN 总线的双绞线中 CAN – H 或 CAN – L 出现断路。利用数字示波器同时测试 CAN – H 与 CAN – L 脚波形，如果出现图 1 – 51 所示的波形，说明 CAN 总线的双绞线中 CAN – H 断路。如果出现图 1 – 52 所示的波形，说明 CAN 总线的双绞线中 CAN – L 断路。根据电路图查找相应的故障部位。

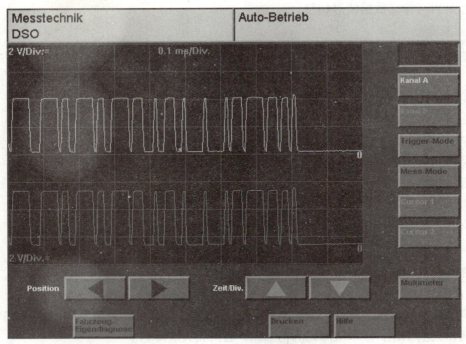

图 1 - 50　CAN 总线短路故障波形图

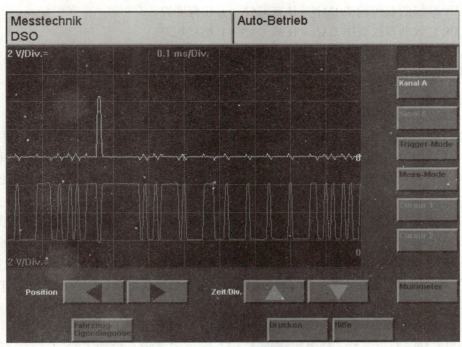

图 1 - 51　CAN - H 总线断路故障波形图

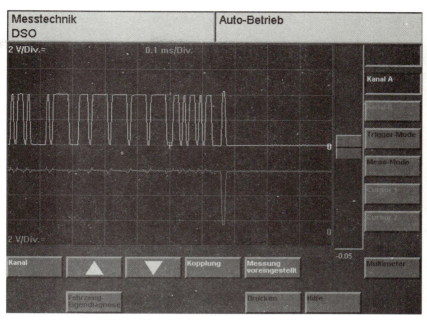

图 1 - 52 CAN - L 总线断路故障波形图

④CAN 总线的双绞线中 CAN - H 或 CAN - L 搭铁短路。利用数字示波器同时测试 CAN - H 与 CAN - L 脚波形, 如果出现图 1 - 53 所示的波形, 说明 CAN 总线的双绞线中 CAN - L 搭铁短路。根据电路图查找相应的故障部位。

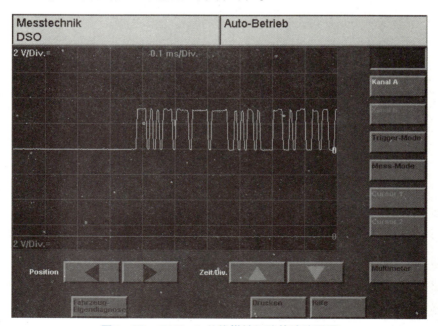

图 1 - 53 CAN - L 总线搭铁短路故障波形图

⑤CAN 总线的双绞线中 CAN - H 或 CAN - L 对正极短路。利用数字示波器同时测试 CAN - H 与 CAN - L 脚波形, 如果出现图 1 - 54 所示的波形, 说明 CAN 总线的双绞线中 CAN - H 对正极短路。根据电路图查找相应故障部位。

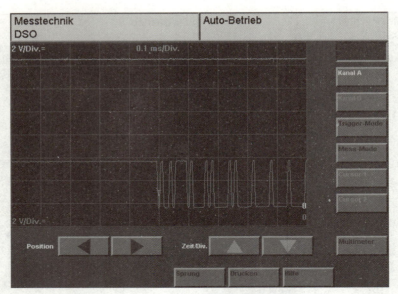

图 1 – 54　CAN – H 总线对正极短路故障波形图

⑥CAN 总线系统受干扰严重。利用数字示波器同时测试 CAN – H 与 CAN – L 脚波形，CAN 总线标准波形如图 1 – 55 所示。

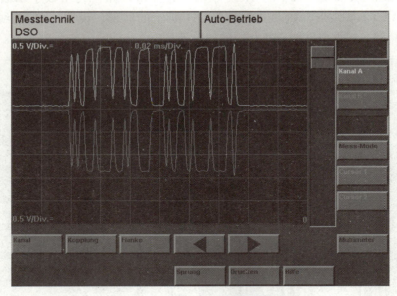

图 1 – 55　CAN 总线标准波形图

如果波形中出现不规则毛刺，说明 CAN 总线系统受到干扰。CAN 总线系统受到干扰一般是因为双绞线没有按照规定缠绕，或者没有按照双绞线维修规则接线。

（三）CAN 总线系统的节点故障

网络节点在 CAN 总线系统中指各个控制单元，因此，节点故障（见图 1 – 56）即控制单元故障，包括软件和硬件故障两种。

车载网络系统节点故障检测方法如下：

在检查车载网络系统前，首先要检查各节点的工作状况，判断是否存在功能性故障，功能性故障会影响网络中局部系统的工作。若存在功能性故障，应首先排除。对于诊断传感器是否有功能性故障，可以通过检测传感器的电压值、电阻值等参数来诊断。

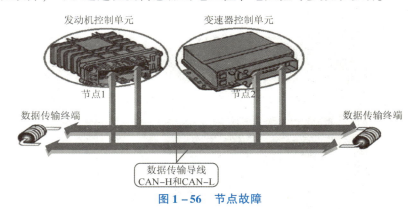

图 1-56　节点故障

1. 软件故障

软件故障即传输协议或软件程序有缺陷或冲突，从而使 CAN 总线系统通信出现混乱或无法工作，这种故障一般为成批出现且很难维修，这种故障只能通过软件升级或者更换控制单元并重新自适应匹配来解决。对于新更换的控制单元，如果没有进行激活或软件匹配，会使控制单元软件不能正常工作，进而引起节点故障。

2. 硬件故障

硬件故障一般是指由于控制单元内部通信芯片或集成电路损坏，使控制单元无法工作，进而造成汽车 CAN 总线系统无法正常工作。此故障只能更换控制单元。

三、CAN 总线故障维修

（一）CAN 总线线束的维修

在汽车网络系统里，CAN 总线系统是通过数据传输导线连接各个控制单元的，这些传输导线的公共接点连接在一起，称为 CAN 总线接点，如图 1-57 所示。CAN 总线接点一般位于车辆左前、右前 A 柱区域。如图 1-58 所示，驱动 CAN 总线接点常位于车辆左前的 A 柱区域处。如图 1-59 所示，舒适 CAN 总线和信息娱乐 CAN 总线接点常位于车辆右前的 A 柱区域处。有些车辆的 CAN 总线接点包扎在导线线束里，不容易找到。

图 1-57　CAN 总线接点

CAN 总线的线束出现问题时，可以进行正常维修（如更换或将断开的导线恢复连接），由于 CAN 总线使用的是双绞线，且双绞线的缠绕方式对 CAN 总线的抗干扰能力影响较大，因此，在对 CAN 总线的线束进行维修时，应特别注意以下几点：

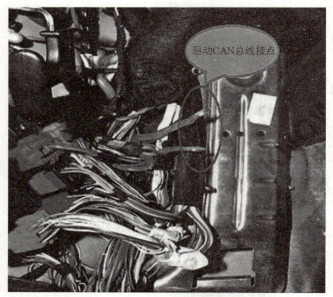

图 1-58　驱动 CAN 总线接点

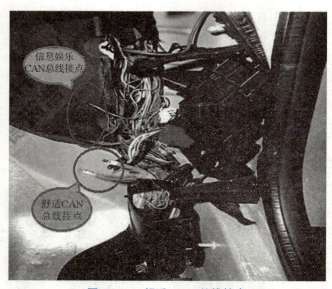

图 1-59　舒适 CAN 总线接点

1. 不要拆开总线接点

线束制造商在生产线束时，CAN 总线接点（即导线的结合点）是使用专用设备进行压接的，连接非常可靠，可有效防止杂波的侵入。在维修 CAN 总线的线束时，不要拆开总线接点，以免引入杂波，造成干扰。线束扎带对线路的反射很重要，因此不能拆开。线束扎带也不作为备件单独提供。

2. 维修接点不宜离总线接点过近

为确保 CAN 导线不被外界的杂波侵入，维修接点不宜离总线接点过近，两者至少要保证有 100 mm 的距离，如图 1－60 所示。

3. 导线的绞合

为确保维修质量，大众汽车集团备有专用的 CAN 总线维修导线，备件号码为 000 979 987，绝缘皮颜色为绿/黄和白/黄，长度为 10 m，线径为 0.35 mm^2。同时，维修 CAN 总线必须使用专用工具。应尽量使用专用的 CAN 总线维修导线，如果实在找不到专用导线，也可以用普通的多芯汽车电线代替。但需注意，在维修接点处，没有严格绞合的每段导线长度不能超过 50 mm（标准的缠绕长度为 20 mm），两个维修接点的距离至少要大于 100 mm，如图 1－61 所示。以上这些要求，都是出于防干扰的考虑。

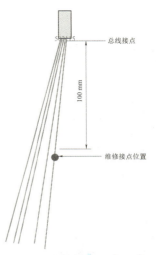

图 1－60　维修接点距离要求

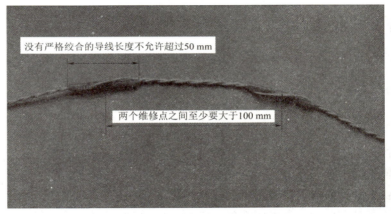

图 1－61　CAN 总线的维修要求

(二) CAN 总线的故障诊断流程

CAN 总线诊断流程如图 1－62 所示，步骤如下：

①查找维修资料，了解故障车辆 CAN 总线系统的结构特点；

②连接诊断仪，读取并分析故障码；

③读取分析 CAN 总线系统数据流（测量值）；

④使用万用表检测 CAN 总线电压、电阻是否正常；

⑤使用示波器或波形分析仪检测 CAN 总线波形是否正常；

⑥进行波形分析，确定 CAN 总线故障类型；

⑦对故障现象进行综合分析，确认故障点；

⑧对故障点进行维修或更换，排除故障，填写项目单。

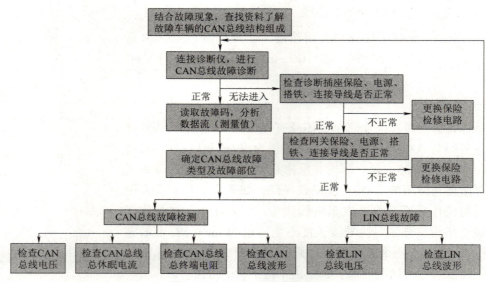

图 1-62 CAN 总线诊断流程

【任务实训】

一、实训前准备

1. 实训场地及设备工具准备

场地：6 个工位，车辆 6 辆（各型车辆）。

设备：车辆检测平台、充电机。

专用工具：故障诊断仪、数字万用表、示波器。

常用工具：车外三件套、车内四件套、120 件套、扭力扳手、工具车。

2. 学生组织

分成 6 组，每小组由 4 至 6 名学生组成，每组完成单次练习时间为 60 min。

二、实训安排

1. 准备

①按照工位说明准备工位；

②车辆正确停放在工位上；

③提前对蓄电池充电，确保蓄电池电量充足；

④铺设车辆防护用品；

⑤准备维修手册；

⑥准备灭火器。

2. 讲解与示范（15 min）

①安全注意事项及纪律要求；

②拆装步骤、要求及注意事项；

③教师示范讲解 CAN 总线的检测流程及方法；

④教师示范讲解 LIN 总线系统故障维修流程及方法。

3. 分组练习（60 min）

学员分为 6 组，每组一个工位，每个工位包含 3 个任务：

①CAN 总线故障检测；

②CAN 总线故障分析；

③CAN 总线故障维修。

4. 考核（15 min）

随机抽取 10 名学员分为 5 组进行考核。

5. 答疑及总结（10 min）

教师答复学员所提出的相关疑问；若学员无疑问，则带领学员回顾诊断仪的操作步骤、要点及注意事项。

三、完成任务工单

实训　诊断 CAN 总线系统的常见故障

学号：＿＿＿＿＿＿＿＿＿＿姓名：＿＿＿＿＿＿＿＿＿＿日期：＿＿＿＿＿＿＿＿＿＿

1. CAN 总线故障检测的操作步骤

1）安全防护与维修准备

①将车辆安全停放到维修工位，拉起手制动器或将变速器置于 P 挡。

②安装防护三件套，铺设发动机翼子板布。

③检查防冻液液面、制动液液面、蓄电池电压是否正常。

2）故障验证及故障自诊断

①起动着车，验证发动机故障现象。

②连接诊断仪，观察诊断仪指示灯是否点亮，如果不点亮，则检查诊断接口供电和搭铁；如果点亮，则进行下一步检查。

③检查是否能够进入车辆自诊断，如果不能，则检查网关供电和搭铁，以及网关和诊断接口之间的 CAN 线是否正常；如果进入车辆自诊断正常，则进行下一步检查。

④读取发动机控制单元故障码，根据故障码提示进行下一步检查。

3）CAN 总线故障检测

①使用博士 740 检测仪，将测试线的 CH1 连接到发动机控制单元的 CAN–H 端子数据线上，CH2 连接到发动机控制单元的 CAN–L 端子数据线上，打开点火开关，进入示波器检测界面，读取并分析驱动 CAN 总线波形是否正常。若不正常，判断总线故障类型。

②关闭点火开关，拔下网关的插接件，用万用表检测网关端子 CAN–H 和 CAN–L 之间驱动 CAN 总线终端电阻是否为 60 Ω。

③逐一断开驱动 CAN 总线控制单元，检测终端电阻是否发生变化。若无变化，则相应的控制单元或传输导线故障。

④关闭点火开关，拔下发动机控制单元的插接件，用万用表检测控制单元端子 CAN – H、CAN – L 之间的终端电阻是否为 66 Ω，拔下 ABS 控制单元的插接件，用万用表检测控制单元端子 CAN – H、CAN – L 之间的阻值是否为 2.6 kΩ。若阻值不符合规定，则相应的控制单元损坏需更换。

⑤关闭点火开关，拔下发动机控制单元的插接件，打开点火开关，检测插接件端子 CAN – H、CAN – L 的隐性电压是否为 2.5 V。

⑥若电压为 0 V 或 ∞，则相应的 CAN 传输导线搭铁或断路故障。

4）故障维修

①根据检测结果，更换损坏的控制单元，进行控制单元编码。

②根据检测结果，确定传输导线故障，找到故障点，进行相应的维修。

③维修结束，重新检测驱动 CAN 电压、终端电阻、波形是否恢复正常。

5）完工整理

①安装拆卸的相关部件，恢复车辆至完好状态。

②取下三件套和发动机翼子板布，清洁车辆。

③整理维修工具及仪器设备，清洁场地卫生。

2. CAN 总线故障检测的实施记录

结合实施过程，对照下表中的检查项目内容，勾选或填写出实际的检查结果。

测量步骤	测量项目	故障记录	故障分析
维修准备	安全防护工作	铺设三件套□　铺设四件套□	
	蓄电池电压	_____ V	
	拉起驻车制动器	是□　否□	
	变速器挡位	_____挡	
故障验证及自诊断	发动机能否起动	能□　不能□	
	能否进入自诊断	能□　不能□	
	诊断插座电源、搭铁是否良好	是□　否□	
	网关电源、搭铁是否良好	是□　否□	
	是否有故障码	故障码记录：	
故障检测	总线波形检测	波形正常□　波形不正常□	
	波形故障类型	对正短路□　对地短路□ 断路□　交叉连接□	
	终端电阻检测	电阻正常□　电阻不正常□ 阻值大小：_____ Ω	

故障检测	总线电压检测	电压正常□ 电压不正常□ 隐性电压：CAN－H = _____ V CAN－L = _____ V 显性电压：CAN－H = _____ V CAN－L = _____ V	
	控制单元检测	良好□ 损坏□ 故障控制单元：_____	
	总线链路检测	良好□ 损坏□ 故障线路：_____	
	控制单元熔断器检测	良好□ 损坏□ 故障熔断器：_____	
完工整理	安装拆卸部件，恢复车辆	是□ 否□	
	整理工具和设备	是□ 否□	
	取下车外三件套和车内四件套	是□ 否□	
	清洁车辆	是□ 否□	
	打扫场地卫生	是□ 否□	

四、技术要求和标准

①操作方法符合维修手册的要求；
②按照电路图正确分析故障；
③根据维修手册的数据分析测量结果并判断故障。

五、实训注意事项

①进入车间应穿工鞋、戴工帽；工作服应穿戴整齐，无皮肤裸露；操作时不可佩戴手表等金属饰品，以防划伤车辆表面。

②操作电气设备时，应注意用电安全，作业结束之后，应及时切断一切用电设备的电源。

③在对车辆电气设备端子进行检测时，必须使用万用表线组等工具，避免用万用表表笔直接测量，导致接触器虚接。

④若因检测需求需要拆卸某些部件时，必须严格按照维修手册标准进行拆卸，严禁暴力拆卸，防止损坏元件。

⑤非必要情况下，严禁对线束内部进行分解检测，对线束破损、裸露部分应使用电工胶布或热缩管做好绝缘处理。

【任务评价反馈】

项目一任务五		诊断 CAN 总线系统的常见故障				
学生基本信息	姓名		学号		班级	
	组别		时间		成绩	
能力要求		具体内涵		评分标准	分值	得分
专业能力	网关控制器 J533 检测	a. 维修准备		5	70	
		b. 故障验证		5		
		c. 故障自诊断		5		
		d. 波形检测		10		
		e. 终端电阻检测		10		
		f. 总线电压检测		10		
		g. 控制单元检测		10		
		h. 观摩操作过程及记录测量结果或操作要点		5		
		i. 整理工具、清理现场		5		
		j. 安全用电，防火，无人身、设备事故		5		
	具体要求	分成 6 组，每小组由 4 至 6 名学生组成，每组完成单次练习时间为 60 min				
社会能力	团队合作	是否和谐		5	15	
	劳动纪律	是否严格遵守		5		
	沟通讨论	是否积极有效		5		
方法能力	制订计划	是否科学合理		5	15	
	学习新技术能力	是否具备		5		
	总结能力	能否正确总结		5		
下一步改进措施						
考核教师签字		结果评价			项目成绩	

寄生电流

汽车 CAN 总线的休眠模式的主要作用是当 CAN 多路数据传输系统中某个控制单元出现故障时，不至于因"寄生电流"过大而引起蓄电池亏电。汽车电气系统的寄生电流是指在电源开关以及其他电器开关关闭以后，某些电器或电路继续消耗蓄电池的放电电流。根据汽车电气设备的多少和智能化程度的高低，在电源开关关闭 5～60 min 进入休眠状态。一方面，在正常状态下，休眠时的电流只有 30 mA 左右，所以蓄电池有微量电流输出属于正常。另一方面，在汽车电源开关关闭以后，汽车上许多电气设备存在着不可避免的寄生电流。常见车型的寄生电流总量应在 30～50 mA 的范围内。表 1-6 为常见车型部分负载寄生电流。

表 1-6　常见车型部分负载寄生电流

电气负载的名称	寄生电流正常值/mA	寄生电流最大值/mA
电子防盗系统	1.6	2.7
自动门锁装置	1.0	1.0
车身控制组件	3.6	12.4
电子控制组件	5.6	10
风挡玻璃加热组件	0.3	0.4
采暖通风和空调组件	1.0	1.0
室内照明系统	1.0	1.0
液面控制系统	0.1	0.1
多功能电子钟	1.0	1.0

【赛证习题】

一、选择题

1. 数据总线处于休眠模式时，舒适 CAN 总线电压是（　　）。

A. CAN-H 12 V　CAN-L 12 V　　　　B. CAN-H 0 V　CAN-L 0 V

C. CAN-H 0 V　CAN-L 12 V　　　　D. CAN-H 12 V　CAN-L 0 V

2. CAN 总线处于休眠模式时，其静态电流为（　　）mA。

A. 0　　　　　　　B. 6～8　　　　　　　C. 150　　　　　　　D. 700

3. 数据总线处于休眠状态时，下面哪些操作可以取消休眠模式？（　　）

A. 打开车门　　　　　　　　　　　B. 打开后备厢

C. 打开机舱盖　　　　　　　　　　D. 都可以

4. CAN 总线的常见故障有（ 　）。

A. 低压电源故障　　　　　　　　　　　B. 通信线路故障

C. 网络节点故障　　　　　　　　　　　D. 以上都不对

5. 舒适 CAN 总线显性电压检测，下面哪组是正确的？（ 　）

A. CAN – H = 5 V　CAN – L = 2.5 V　　　B. CAN – H = 2.5 V　CAN – L = 5 V

C. CAN – H = 3.6 V　CAN – L = 1.4 V　　　D. CAN – H = 0 V　CAN – L = 5 V

二、判断题

（ 　）1. 如果系统电路或控制单元有故障，会导致 CAN 总线无法进入休眠模式。

（ 　）2. 数据传输终端是一个电阻器，阻止数据在传输终了被反射回来并产生反射波，因为反射波会破坏数据。

（ 　）3. CAN 总线上单个终端电阻的阻值一定是 120 Ω。

（ 　）4. 拔下一个带有终端电阻的控制单元后，阻值有变化，说明被拔下的控制单元终端电阻损坏或 CAN 总线故障。

（ 　）5. CAN 总线系统的各个控制单元称为总线节点。

三、简答题

1. 简述汽车 CAN 总线的休眠模式及其检测方法。

2. 简述汽车 CAN 总线的故障类型及特点。

3. 简述汽车 CAN 总线线束维修时的注意事项。

思政园地：长城汽车：
向上而生的蜕变之路

项目二
车载网络LIN总线系统

LIN（Local Interconnect Networks）协会创建于1998年年末，最初的发起者为宝马、Volvo、奥迪、VW、戴姆勒–克莱斯勒、摩托罗拉和VCT，五家汽车制造商、一家半导体厂商以及一家软件工具制造商。该协会将主要目的集中在定义一套开放的标准，该标准主要针对车辆中低成本的内部互联网络（即LIN），以应对无论是带宽还是复杂性都不必要用到CAN网络的应用场景。

LIN总线是针对汽车分布式电子系统而定义的一种低成本的串行通信网络，是对控制器区域网络(CAN)等其他汽车多路网络的一种补充，适用于对网络的带宽、性能或容错功能没有过高要求的应用场景。LIN总线采用单主控制器/多从设备的模式，是UART（Universal Asynchronous Receiver/Tranmitler,通用异步收发传输器）中的一种特殊情况。

LIN补充了当前的车辆内部多重网络的空白，并且为实现车内网络的分级提供了条件，这可以帮助车辆获得更好的性能并降低成本。LIN协议致力于满足分布式系统中快速增长的对软件的复杂性、可实现性、可维护性的要求，它将通过提供一系列高度自动化的工具链来满足这一要求。

任务一

找出车辆上搭载的 LIN 总线系统

【任务目标】

1. 知识目标

（1）了解 LIN 总线的定义和主要特征；

（2）熟悉 LIN 总线在汽车上的应用。

重点和难点：

（1）LIN 总线在汽车上的应用；

（2）LIN 总线的主要特征。

微课　项目二任务 1

2. 技能目标

（1）能按照维修手册步骤要求，拆装盖板、装饰板等部件；

（2）能按照电路图说明，在实训车辆上查找 LIN 总线系统。

3. 思政目标

（1）培养学生举一反三的思维能力；

（2）通过 LIN 总线对现有网络的辅助功能，培养学生的团队合作意识；

（3）培养学生勤俭节约、精益求精的职业精神。

【任务导入】

故障现象：一辆 2020 款一汽 – 大众迈腾轿车，行驶里程为 15 020 km，驾驶员操作车窗升降开关，发现左后电动车窗玻璃不能升降。

原因分析：经过检查，发现电动车窗控制开关、车窗电机、玻璃升降器没有故障，怀疑是 LIN 总线故障，需要进一步拆装检修。如果你是维修技师，你该如何检修？

【任务分析】

想对 LIN 总线进行检修，需能够在车辆上找出所搭载的 LIN 总线系统，即熟知 LIN 系统的结构、特征和在车辆上的应用。

一、LIN 总线的定义

LIN（Local Interconnect Network）即局域互联网络，也被称为"局域网子系统"，是面向汽车分布式应用的低成本、低速率的串行数据通信总线。是对控制器区域网络（CAN）等其他汽车多路网络的一种补充，适用于对网络的带宽、性能或容错功能没有过高要求的应用。

LIN 的目标是为现有汽车网络（例如 CAN 总线）提供辅助功能，因此，LIN 总线是一种辅助的串行通信总线网络，多用于不需要 CAN 总线的带宽和多功能的场合。

在车载网络中，LIN 处于低端，与 CAN 以及其他 B 级或 C 级网络比较，它的传输速度低、结构简单、价格低廉；在汽车上，与这些网络是互补的关系。由于汽车产品包括部件和整机，对价格和复杂性非常敏感，在汽车网络系统低端使用 LIN 会显现其必要性和优越性。

二、LIN 总线的主要特性

①采用单主机、多从机的运行机制，无需总线仲裁，系统配置灵活；

②以基于通用异步收发/串行通信接口 UART/SCI（Universal Asynchronous Receiver – Transmitter/Serial Communication Interface）的低成本硬件实现 LIN 协议；

③带时间同步的多点广播接收，从机节点无需石英或陶瓷谐振器，可以实现自同步；

④可以保证最差状态下的信号传输延迟时间，可选的报文帧长度为 2、4 和 8 字节；

⑤数据校验和传输的安全性较好，可自动检测网络中的故障节点；

⑥使用低成本的半导体组件（小型贴片，单芯片系统），采用单线传输，系统成本低廉；

⑦位传输速率可达 20 Kbit/s，完全可以满足某些对传输速率要求不高的场合的控制需求。

三、LIN 总线的应用

LIN 总线（LIN – BUS）应用成本较低，传输速率较低，适合应用在一些对时间要求不是那么严格的场合。LIN 总线在汽车上的应用领域主要有防盗系统、自适应大灯、氙气前照灯、驾驶人侧开关组件、外后视镜、中控门锁、电动天窗、空调系统的鼓风机、加热器控制等，LIN 总线网络在汽车上的应用如图 2 – 1 所示。

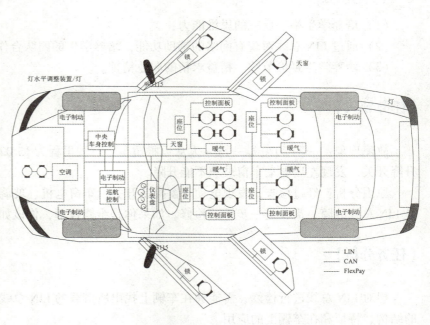

图 2 – 1　LIN 总线网络在汽车上的应用

【任务实施】

一、实训前准备

1. 实训场地及设备工具准备

场地：6 个工位，车辆 6 辆（各型车辆）。
设备：万用表、电路图、试电笔。
常用工具：120 件套、螺丝刀、扭力扳手、工具车。

2. 学生组织

分成 6 组，每小组由 4 至 6 名学生组成，每组完成单次练习时间为 60 min。

二、实训安排

1. 准备

①按照工位说明准备工位；
②将车辆正确停放在工位上；
③准备维修手册；
④准备灭火器。

2. 讲解与示范（30 min）

①安全注意事项及纪律要求；
②拆装步骤、要求及注意事项；
③教师示范 LIN 总线在汽车上的应用领域。

3. 分组练习与工位轮换（60 min）

学员分为 6 组，每组一个工位：
①查找电动车窗 LIN 总线系统；
②查找电动后视镜 LIN 总线系统；
③查找电动刮水器 LIN 总线系统；
④观摩操作过程及记录测量结果或操作要点。
每组学员分为两个小组，分别完成两项任务，每个小组单次练习 30 min，然后进行组内交换。

4. 考核（20 min）

随机抽取 10 名学员分为 5 组进行考核。

5. 答疑及总结（10 min）

教师答复学员所提出的相关疑问；若学员无疑问，带领学员回顾 LIN 总线在汽车上的应用领域及在实训车辆上查找 LIN 总线系统。

三、完成任务工单

实训 找出车辆上搭载的 LIN 总线系统

学号：＿＿＿＿＿＿＿＿＿＿ 姓名：＿＿＿＿＿＿＿＿＿＿ 日期：＿＿＿＿＿＿＿＿＿＿

按照正确的操作步骤，查找 LIN 总线系统。

①关闭点火开关；

②按照维修手册操作步骤，使用专用工具拆卸装饰板、盖板等部件；

③按照电路图说明，在实训车辆上查找 LIN 总线系统，并将结果记录在下表中。

LIN 总线系统检查记录表

查找部位	查找内容	结果记录	结果分析
LIN 总线	位置		
	颜色		
	线径		
	系统组成		

④安装拆卸的相关部件，并将车辆恢复至完好状态。

⑤清洁车辆，整理工具、设备，清洁场地卫生。

四、技术要求和标准

①操作方法符合维修手册的要求；

②按照电路图正确分析 LIN 总线系统；

③根据维修手册的数据分析检查结果。

五、实训注意事项

1. 安全注意事项

①清洁 LIN 总线线路；

②注意线路短路等易起火的因素。

2. 操作注意事项

①拆卸时注意插接器与线束之间的连接；

②注意防护传动机构。

【任务评价反馈】

项目二任务一			找出车辆上搭载的 LIN 总线系统			
学生基本信息		姓名		学号	班级	
		组别		时间	成绩	
能力要求		具体内涵		评分标准	分值	得分
专业能力	查找 LIN 总线系统	a. 实施准备		10	70	
		b. 拆装装饰件、盖板等部件		10		
		c. 认知电动车窗 LIN 总线系统		10		
		d. 认知电动后视镜 LIN 总线系统		10		
		e. 认知电动刮水器 LIN 总线系统		10		
		f. 观摩操作过程及记录测量结果或操作要点		10		
		g. 整理工具、清理现场		5		
		h. 安全用电，防火，无人身、设备事故		5		
	具体要求	分成 6 组，每小组由 4 至 6 名学生组成，每组完成单次练习时间为 60 min。				
社会能力	团队合作	是否和谐		5	15	
	劳动纪律	是否严格遵守		5		
	沟通讨论	是否积极有效		5		
方法能力	制订计划	是否科学合理		5	15	
	学习新技术能力	是否具备		5		
	总结能力	是否正确总结		5		
下一步改进措施						
考核教师签字		结果评价			项目成绩	

【知识拓展】

LIN 与 CAN 的比较

从工作方式方面比较：LIN 总线为单主/从方式，CAN 总线为多主/从方式。

从数据传输方面比较：LIN 总线为单线传输；CAN 总线为双线传输（双绞线）。

从工作低压方面比较：LIN 总线为 12 V；CAN 总线为 5 V 或 12 V。

从传输速率方面比较：LIN 总线最高传输速率为 20 Kbit/s，属于低速总线；LIN 总线最长为 40 m；CAN 总线属于高速总线，最长为 10 km。

从导线颜色比较：LIN 总线为单色线，底色是紫色，该线的横截面面积为 0.35 mm^2，无需屏蔽。CAN 总线为双色线，底色为橙棕色。

【赛证习题】

一、填空题

1. 汽车 LIN 网络总线采用_____、_____的运行机制。

2. 汽车 LIN 网络的作用是_____。

3. 汽车 LIN 网络的应用一般有_____、_____和_____等。

二、判断题

（　）1. 汽车 LIN 网络适用于对网络的带宽、性能或容错功能没有过高要求的应用。

（　）2. 发动机转速信号传感器一般使用 LIN 线传递。

（　）3. 汽车电动车窗、电动后视镜一般使用 LIN 线控制。

三、简答题

1. 简述 LIN 网络在汽车上的应用。

2. 简述电动车窗不工作的故障原因。

3. 总结 LIN 总线的主要特性。

思政园地：东风小康

任务二

【任务目标】

学习目标

1. 知识目标

（1）了解 LIN 总线系统的作用及结构组成；
（2）熟悉电动刮水器 LIN 总线系统电路组成。

重点和难点：
（1）LIN 总线系统结构组成；
（2）电动刮水器 LIN 总线系统电路组成。

微课　项目二任务 2

2. 技能目标

（1）能够查阅电路图，正确识读和分析 LIN 总线系统电路；
（2）能够正确使用检测设备，检测并分析电动刮水器 LIN 总线系统电路故障。

3. 思政目标

（1）培养学生解决问题的职业思维；
（2）通过学生小组合作探究，培养学生的团队合作意识；
（3）培养学生坚韧不拔、艰苦奋斗的工匠精神。

【任务导入】

故障现象：一辆 2020 款一汽 – 大众迈腾轿车行驶 3.5 万千米，驾驶员操作刮水器开关，发现前刮水器无法正常刮水。

原因分析：经检测怀疑是电动刮水器 LIN 总线系统电路出现故障，导致刮水器电动机控制单元不工作，刮水器电机不运转，无法实现刮水。如果你是某 4S 店的专业维修技师，你该如何对这辆车的刮水器进行维修？

项目二　车载网络 LIN 总线系统

【任务分析】

一、LIN 总线系统的作用

LIN 总线是用于汽车分布式电控系统的一种低成本串行通信系统，它是一种基于 SCI（串行通信接口）（UART）数据格式、主从结构的单线 12 V 的总线通信系统，它主要用于智能传感器和执行器的串行通信。

二、LIN 总线系统的结构组成

（一）LIN 总线系统的基本结构

LIN 总线的基本结构如图 2 - 2 所示，一个 LIN 总线通常由一个主节点、一个或多个从节点组成，所有节点都包含一个从任务（Slave Task），负责消息的发送和接收；主节点还包含一个主任务（Master Task），负责启动 LIN 总线网络中的通信。主节点既可以执行主任务，也可以执行从任务，从节点只能执行从任务，总线上的信息传送由主节点控制。

图 2 - 2　LIN 总线的基本结构

LIN 总线系统数据交换的方式主要有以下三种：

①由主节点到一个或多个从节点；

②由一个从节点到主节点或其他的从节点；

③通信信号可以在从节点之间传播，而不经过主节点。

（二）LIN 总线系统的组成

LIN 总线系统主要由 LIN 上级控制单元（LIN 主控制单元）、LIN 从属控制单元（LIN 从控制单元）、单根导线三部分组成。LIN 总线系统的组成如图 2 - 3 所示。

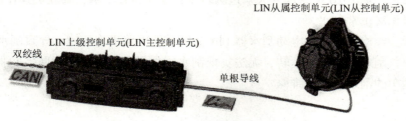

图 2 - 3　LIN 总线系统的组成

1. LIN 总线主控制单元

LIN 总线主控制单元连接在 CAN 数据总线上，如图 2 - 4 所示。它是 LIN 总线系统中唯一与 CAN 数据总线相连的控制单元，它执行 LIN 总线的主功能，每个 LIN 总线主控制单元最多可以连接 16 个从控制单元。

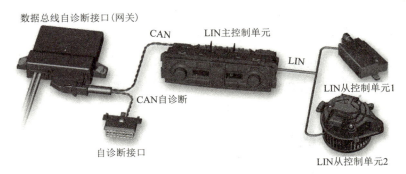

图 2 - 4　LIN 主控制单元实现 LIN 总线与 CAN 总线之间的连接

LIN 总线主控制单元的主要作用：

①监控数据传递和数据传递的速率，发送信息标题；

②该控制单元的软件内已经设定了一个周期，这个周期用于决定何时将哪些信息发送到 LIN 数据总线上多少次；

③该控制单元在 LIN 数据总线与 CAN 总线之间起"翻译"作用，它是 LIN 总线系统唯一与 CAN 数据总线相连的控制单元；

④通过 LIN 主控制单元进行 LIN 系统自诊断。

2. LIN 总线从控制单元

LIN 总线从控制单元安装在 LIN 总线系统设备上，主要是接收或传送相关的数据。在 LIN 总线系统内，单个的控制单元或传感器及执行元件都可看作 LIN 从控制单元。LIN 从控制单元电路如图 2 - 5 所示。

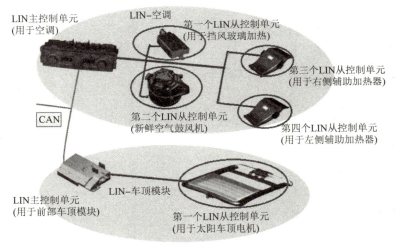

图 2 - 5　LIN 从控制单元电路

三、电动刮水器 LIN 总线系统电路组成

电动刮水器电路主要由点火开关 D、发动机舱盖开关 F266、雨量/光强传感器 G397、转向柱控制单元 J527、车载电网控制单元 J519、刮水器电动机控制单元 J400、传动机构等组成，如图 2-6 所示。雨量/光强传感器 G397 和刮水器电动机控制单元 J400 与车载电网控制单元 J519 通过 LIN 总线进行数据通信。

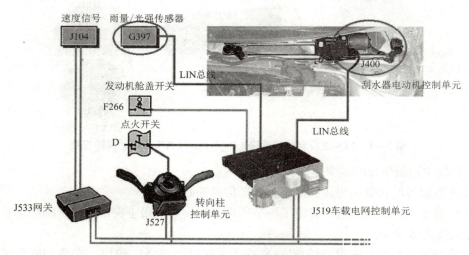

图 2-6 一汽 - 大众迈腾轿车刮水器电路的组成

【任务实施】

一、实训前准备

1. 实训场地及设备工具准备

场地：6 个工位，车辆 6 辆（各型车辆）。

设备：万用表、电路图、试电笔。

常用工具：120 件套、螺丝刀、扭力扳手、工具车。

2. 学生组织

分成 6 组，每小组由 4 至 6 名学生组成，每组完成单次练习时间为 60 min。

二、实训安排

1. 准备

①按照工位说明准备工位；

②将车辆正确停放在工位上；

③铺设车辆防护用品；

④提前检查电动刮水器功能；

⑤准备维修手册;

⑥准备灭火器。

2. 讲解与示范（30 min）

①安全注意事项及纪律要求;

②拆装步骤、要求及注意事项;

③教师示范电动刮水器各功能操作及进行故障说明。

3. 分组练习与工位轮换（60 min）

学员分为 6 组，每组一个工位:

①检查电动刮水器开关及其信号;

②检查电动刮水器电机及其线束;

③检查电动刮水器 LIN 总线线束;

④观摩操作过程及记录测量结果或操作要点。

每组学员分为两个小组，分别完成两项任务，每个小组单次练习 30 min，然后进行组内交换。

4. 考核（20 min）

随机抽取 10 名学员分为 5 组进行考核。

5. 答疑及总结（10 min）

教师答复学员所提出的相关疑问;若学员无疑问，则带领学员回顾电动刮水器检查的操作步骤、要点及注意事项。

三、完成任务工单

实训　识读 LIN 总线系统结构（以检查电动刮水器为例）

学号:_____姓名:_____日期:_____

按照正确的操作步骤，对电动刮水器进行检查。

1. 电动刮水器开关及其信号检查

①连接诊断仪，打开点火开关，读取车载电网控制单元测量值，将刮水器开关置于开启位置，读取刮水器开关的位置信号;

②使用常用工具，拆卸刮水器开关，使用检测设备测量刮水器开关各个挡位电阻值。

2. 电动刮水器电机及其线束检查

①按照维修手册操作步骤，拆卸前部刮水器及流水槽盖板，拔下刮水器电机控制单元插接器;

②使用检测设备测量刮水器电机控制单元供电电压;

③使用检测设备测量刮水器电机控制单元搭铁线束。

3. 电动刮水器 LIN 总线线束检查

拆卸车载电网控制单元插接器，使用检测设备测量刮水器电机控制单元与车载电网控制单元之间的 LIN 总线线束电阻。

4. 数据记录

根据测量值，判断电动刮水器故障部位，并将检查结果记录在下表中。

电动刮水器电路故障检测表

测量部位	测量项目	测量位置		测量结果	结果分析
刮水器控制开关	测量值（开关信号）				
	电阻				
	电阻				
	电阻				
	电阻				
	电阻				
刮水器电机控制单元	电压				
刮水器电机控制单元线束	电阻				
LIN 总线	电阻				
	电阻				

5. 故障排除

安装拆卸的相关部件，将刮水器开关置于开启位置，验证故障是否排除，并将车辆恢复至完好状态。

6. 清洁

清洁车辆，整理常用工具及设备，清洁场地卫生。

四、技术要求和标准

①操作方法符合维修手册的要求；
②按照电路图正确分析故障；
③根据维修手册的数据分析测量结果。

五、实训注意事项

1. 安全注意事项

①清洁电动刮水器插接器及线路；
②注意线路短路等易起火的因素。

2. 操作注意事项

①拆装时注意开关与其他线路的连接；
②拆卸时注意插接器与线束之间的连接；

③注意防护电动刮水器传动机构。

【任务评价反馈】

项目二任务二		识读 LIN 总线系统结构（以电动刮水器为例）				
学生基本信息	姓名		学号		班级	
	组别		时间		成绩	
能力要求		具体内涵		评分标准	分值	得分
专业能力	检查电动刮水器电路故障	a. 实施准备		10	70	
		b. 检查电动刮水器开关及其信号		10		
		c. 检查刮水器电机控制单元供电		10		
		d. 检查刮水器电机控制单元搭铁		10		
		e. 检查电动刮水器 LIN 总线线束		10		
		f. 观摩操作过程及记录测量结果或操作要点		10		
		g. 整理工具、清理现场		5		
		h. 安全用电，防火，无人身、设备事故		5		
	具体要求	分成 6 组，每小组由 4 至 6 名学生组成，每组完成单次练习时间为 60 min				
社会能力	团队合作	是否和谐		5	15	
	劳动纪律	是否严格遵守		5		
	沟通讨论	是否积极有效		5		
方法能力	制订计划	是否科学合理		5	15	
	学习新技术能力	是否具备		5		
	总结能力	是否正确总结		5		
下一步改进措施						
考核教师签字		结果评价			项目成绩	

【知识拓展】

LIN 的协议

一个 LIN 网络上的通信总是由主节点的主发送任务所发起的，主控制单元发送一个起始报文，该起始报文由同步断点、同步字节、消息标识符所组成。相应地，接受并且滤除消息

标识符后，一个从任务被激活并且开始本消息的应答传输。该应答由2（或4和8）个字节数据和一个校验码所组成，起始报文和应答部分构成一个完整的报文帧。

在LIN系统中加入新节点时，不需要其他从节点做任何软件或硬件的改动。LIN和CAN一样，传送的信息带有一个标识符，它给出的是这个信息的意义或特征，而不是这个信息传送的地址。LIN系统总线的电气性能对网络结构有很大的影响。网络节点数量不仅受标识符长度的限制，而且受总线物理特性的限制。在LIN系统中，建议节点数不超过16个，否则网络阻抗降低，在最坏工作情况下会发生通信故障。LIN系统每增加一个节点大约会使网络阻抗降低3%。

【赛证习题】

思政园地：汽车
维修工的
"士兵突击"

一、填空题

1. 汽车LIN总线系统主要由＿＿＿＿＿＿、＿＿＿＿＿＿和＿＿＿＿＿＿三部分组成。

2. 汽车LIN总线从控制单元安装在＿＿＿＿＿＿，主要负责＿＿＿＿＿＿或＿＿＿＿相关的数据。

3. 汽车LIN总线的主要作用是用于＿＿＿＿＿＿和＿＿＿＿＿＿的串行通信。

二、判断题

（　　）1. LIN总线通常由多个主节点和一个或多个从节点组成。

（　　）2. LIN总线所有节点都包含一个从任务，负责启动LIN总线网络中的通信。

（　　）3. 在LIN总线系统内，单个的控制单元或传感器及执行元件都可看作是LIN从控制单元。

三、简答题

1. 简述LIN总线主控制单元的主要作用。

2. 简述LIN总线系统数据交换的方式。

3. 请写出图中数字代表的名称，并提炼关键词总结LIN总线主控制单元的特点。

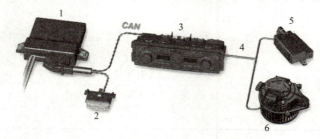

任务三

检测 LIN 总线数据传输故障

【任务目标】

1. 知识目标

（1）了解 LIN 总线系统的数据传输原理；

（2）掌握 LIN 总线的故障判断方法。

重点和难点：

（1）LIN 总线系统数据传输原理；

（2）LIN 总线的波形分析及故障判断。

微课　项目二任务 3

2. 技能目标

（1）能够正确使用专用检测仪器检测 LIN 总线电压及波形；

（2）能够正确分析 LIN 总线波形，判断 LIN 总线故障。

3. 思政目标

（1）培养学生爱岗敬业的职业素养；

（2）通过学生小组实践，培养学生 6S 实操管理能力；

（3）培养学生坚持专注的工匠精神。

【任务导入】

故障现象：一辆 2020 款一汽 – 大众迈腾轿车行驶 3.5 万 km，驾驶员操作刮水器开关，发现前刮水器失灵，无法正常刮水。

原因分析：经检测发现，该车车载电网控制单元与刮水器电机控制单元之间无法进行通信，导致刮水器电机控制单元无法控制刮水器电机进行刮水。如果你是维修技师，你该如何进行维修？

【任务分析】

一、LIN 总线系统的数据传输

（一）传输原理

LIN 总线传输数据线是单线，数据传输速率为 1～20 Kbit/s，在 LIN 控制单元的软件内已经设定完毕。数据线最长可达 40 m。在主节点内配置 1 kΩ 电阻端接 12 V 供电，在从节点内配置 30 kΩ 电阻端接 12 V 供电。各节点通过电池正极端接电阻向总线供电，每个节点都可以通过内部发送器拉低总线电压。LIN 总线驱动器物理结构如图 2－7 所示。

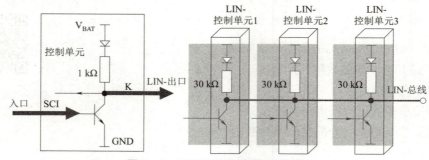

图 2－7　LIN 总线驱动器物理结构

只有当 LIN 主控制单元发送出控制指令后，从控制单元的传感器和执行元件才会反应。如图 2－8 所示，LIN 总线系统里的执行元件都是智能型的电子或机电部件，这些部件通过 LIN 控制单元传递来的 LIN 数字信号接收任务。LIN 控制单元通过集成的传感器来获知执行元件的实际状态，然后就可以进行规定状态和实际状态的对比了。

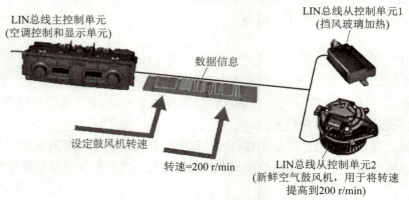

图 2－8　LIN 总线数据传输

LIN 总线系统的传感器和执行器如图 2－9 所示。传感器内集成有一个电子装置，由该装置对测量值进行分析。测量值是作为数字信号通过 LIN 总线传递的。有些传感器和执行元件只使用 LIN 总线控制单元插口上的一个针脚。

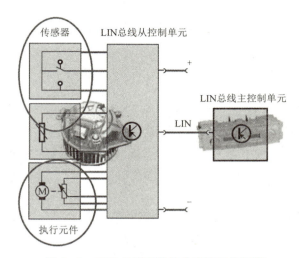

图 2 – 9　LIN 总线系统的传感器和执行器

（二）传输方式

1. 主 – 从方式

主 – 从传输方式指通信信号由主节点到一个或多个从节点，也可以是由一个从节点到主节点或到主节点再到其他从节点。其特点是：

①主 – 从通信模式将大部分调度操作转移到主节点上，从而简化其他节点操作；

②LIN 从节点硬件大幅减少，甚至可能减少为单个状态设备；

③主节点能够同时与所有节点通信，信息和要求的 ID 数量都大大减少；

④这种通信方法速度缓慢，LIN 节点很难及时地接收和处理数据，并选择性地将它传输给其他节点。

2. 从 – 从方式

从 – 从传输方式中，通信信号在从节点之间传播，而不经过主节点或者通过主节点广播消息到网络中的所有从节点。其特点是：

①响应速度提高；

②各个从节点的时钟源未知，因此，从节点将数据传输到网络时，数据可能发生漂移；

③主节点不显示从 – 从通信已经失效。

（三）传输顺序

①LIN 主控制单元的软件内已设定了一个顺序，LIN 主控制单元就按这个顺序将信息标题发送至 LIN 总线上；

②常用的信息会多次传递；

③LIN 主控制单元的环境条件可能会改变信息的顺序。如：点火开关接通/关闭；自诊断已激活/未激活；停车灯接通/关闭等。

（四）LIN 总线防盗功能

LIN 总线具有一定的防盗功能。只有当 LIN 主控制单元发送出带有相应识别码的信息标

题后，数据才会传至 LIN 总线上。由于 LIN 主控制单元能对所有信息进行全面监控，所以无法在车外使用从控制单元通过 LIN 导线对 LIN 总线实施控制。LIN 总线防盗功能如图 2 - 10 所示。

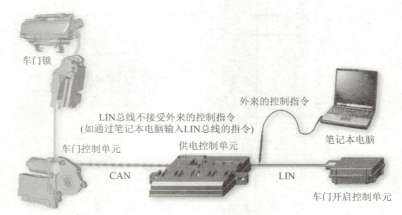

图 2 - 10　LIN 总线防盗功能示意图

二、LIN 总线系统波形分析

（一）信号波形

LIN 总线标准波形如图 2 - 11 所示。

隐性电平：如果无信息发送到 LIN 数据总线上（总线空闲），或者发送到 LIN 数据总线上的是一个隐性位，那么数据总线导线上的电压就是蓄电池电压，即 12 V。

显性电平：LIN 总线上有信息传递时电压为 0 V。

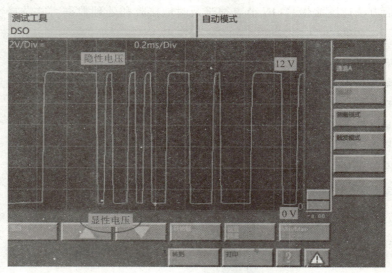

图 2 - 11　LIN 总线标准波形

（二）信号传递的安全性

发送信号电压必须满足隐性电平大于电源电压的 80%、显性电平小于电源电压的 20%；

接收信号电压必须满足隐性电平大于电源电压的 60%、显性电平小于电源电压的 40%。

①在隐性电平和显性电平下收发时，通过预先设定公差来保证数据传输的稳定性。

②为了能在有辐射干扰的情况下仍能收到有效的信号，接收信号的允许电压值要稍高一些。

三、LIN 总线系统故障诊断

（一） LIN 总线自诊断

当 LIN 数据总线出现故障时，可使用示波器、故障诊断仪对其进行波形分析和故障诊断。

对 LIN 数据总线系统进行自诊断，需使用 LIN 主控制单元的地址码。自诊断数据经 LIN 总线由 LIN 从控制单元传至 LIN 主控制单元。在 LIN 从控制单元上可完成所有的自诊断功能。

（二） LIN 总线常见故障分析

1. LIN 总线短路

无论 LIN 总线是对电源正极短路还是对电源负极短路，LIN 总线都会关闭，无法正常工作。

2. LIN 总线断路

LIN 总线发生断路故障时，其功能丧失情况视发生断路故障的具体位置而定。

3. LIN 总线系统故障原因类型

①节点故障、主控制单元或从控制单元故障，造成 LIN 总线通信故障；

②LIN 数据线出现与电源短路或搭铁短路，造成 LIN 总线通信故障；

③LIN 数据线出现断路，造成某些节点无法通信的故障。

【任务实训】

一、实训前准备

1. 实训场地及设备工具准备

场地：6 个工位，车辆 6 辆（各型车辆）。

设备：万用表、电路图、试电笔。

专用工具：示波器、诊断仪。

常用工具：120 件套、螺丝刀、扭力扳手、工具车。

2. 学生组织

分成 6 组，每小组由 4 至 6 名学生组成，每组完成单次练习时间 60 min。

二、实训安排

1. 准备

①按照工位说明准备工位；
②将车辆正确停放在工位上；
③铺设车辆防护用品；
④提前检查电动刮水器功能；
⑤准备维修手册；
⑥准备灭火器。

2. 讲解与示范（30 min）

①安全注意事项及纪律要求；
②拆装步骤、要求及注意事项；
③教师示范电动刮水器各功能操作及故障说明；
④教师示范检测 LIN 总线电压及波形并分析、判断 LIN 总线故障。

3. 分组练习与工位轮换（60 min）

学员分为 6 组，每组一个工位：
①检测 LIN 总线电压；
②检测 LIN 总线波形；
③观摩操作过程及记录测量结果或操作要点。

每组学员分为两个小组，分别完成两项任务，每个小组单次练习 30 min，然后进行组内交换。

4. 考核（20 min）

随机抽取 10 名学员分为 5 组进行考核。

5. 答疑及总结（10 min）

教师答复学员所提出的相关疑问；若学员无疑问，则带领学员回顾 LIN 总线电压及波形检测的操作步骤、要点及注意事项。

三、完成任务工单

实训　检测 LIN 总线数据传输故障（以电动刮水器为例）

学号：＿＿＿＿＿＿＿＿＿姓名：＿＿＿＿＿＿＿＿＿日期：＿＿＿＿＿＿＿＿＿
按照正确的操作步骤，对电动刮水器 LIN 总线电压及波形进行检测。

1. 检测 LIN 总线电压

①按照维修手册操作步骤，拆卸前部刮水器及流水槽盖板，拆卸刮水器电机控制单元（LIN 从控制单元）插接器；
②打开点火开关，操作刮水器开关，使用万用表检测刮水器电机控制单元端 LIN 总线电压。

2. 检测 LIN 总线波形

①拆卸车载电网控制单元（LIN 总线主控制单元）插接器，将示波器连接到车载电网控制单元端 LIN 总线上；

②打开点火开关，进入检测界面，操作刮水器开关，读取并分析 LIN 总线波形。

3. 数据记录

根据测量值，判断电动刮水器 LIN 总线故障部位，并将检查结果记录在下表中。

电动刮水器 LIN 总线故障检测表

测量部位	测量项目	测量位置		测量结果	结果分析
LIN 总线	电压				
	电压				
	波形				
	波形				
LIN 总线主控制单元	电压				
	电压				
LIN 总线从控制单元	电压				
	电压				

4. 恢复

安装拆卸的相关部件，将刮水器开关置于开启位置，验证故障是否排除，并将车辆恢复至完好状态。

5. 清洁

清洁车辆，整理工具及设备，清洁场地卫生。

四、技术要求和标准

①操作方法符合维修手册的要求；

②按照电路图正确分析故障；

③根据维修手册的数据分析测量结果并判断故障。

五、实训注意事项

1. 安全注意事项

①清洁 LIN 总线插接器及数据线；

②注意线路短路等易起火的因素。

2. 操作注意事项

①拆卸时注意插接器与线束之间的连接；

②注意防护电动刮水器传动机构。

【任务评价反馈】

项目二任务三		检测 LIN 总线数据传输故障				
学生基本信息		姓名		学号		班级	
		组别		时间		成绩	

能力要求		具体内涵	评分标准	分值	得分
专业能力	检查电动刮水器电路故障	a. 实施准备	10	70	
		b. 检查电动刮水器 LIN 总线电压	20		
		c. 检查电动刮水器 LIN 总线波形	20		
		d. 观摩操作过程及记录测量结果或操作要点	10		
		e. 整理工具、清理现场	5		
		f. 安全用电，防火，无人身、设备事故	5		
	具体要求	分成 6 组，每小组由 4 至 6 名学生组成，每组完成单次练习时间为 60 min			
社会能力	团队合作	是否和谐	5	15	
	劳动纪律	是否严格遵守	5		
	沟通讨论	是否积极有效	5		
方法能力	制订计划	是否科学合理	5	15	
	学习新技术能力	是否具备	5		
	总结能力	是否正确总结	5		
下一步改进措施					
考核教师签字		结果评价			项目成绩

【知识拓展】

LIN 总线的数据格式

　　LIN 总线的信息包含两个部分：一部分是由 LIN 主控制单元发送的信息标题，另一部分是 LIN 主控制单元或 LIN 从控制单元发送的信息内容。LIN 总线上传输的信息，所有连接在 LIN 总线上的节点都可以收到。LIN 总线的数据格式如图 2-12 所示。

信息标题　　　　　　　　　　　信息内容
发送器：LIN主控制单元　　　　发送器：LIN主控制单元或LIN从控制单元

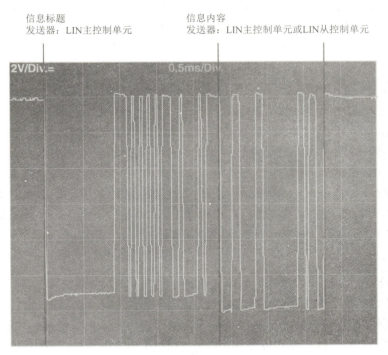

图 2 - 12　LIN 总线的数据格式

1. 信息标题

信息标题由 LIN 主控制单元按周期发送，信息标题分为四部分：同步间隔场、同步分界场、同步场、标识符场。信息标题的格式如图 2 - 13 所示。

同步分界场
同步间隔场　　　　　　　同步场　　　标识符场

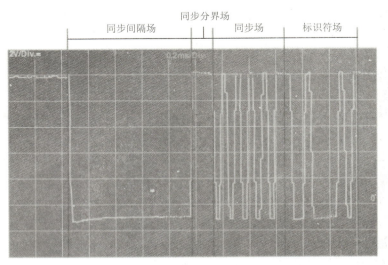

图 2 - 13　信息标题的格式

1）同步间隔场

同步间隔场的长度至少为 13 bit（二进制的），它以显性电平发送。这 13 bit 的长度是必

须的，只有这样才能准确地通知所有的 LIN 从控制单元有关信息的起始点的情况。其他的信息是以最长为 9 bit 的（二进制的）显性电平来一个接一个地传输的。

2）同步分界场

同步分界场的长度至少为 1 bit（二进制的）长，且为隐性电平。

3）同步场

同步场由 0 101 010 101 这个二进制位序构成，所有的 LIN 从控制单元通过这个二进制位序来与 LIN 主控制单元进行同步（匹配）。

所有控制单元保持同步对于保证正确的数据交换是非常必要的。如果失去了同步性，那么接收到的信息中的某一数位值就会发生错误，进而导致数据传输错误。

4）标识符场

标识符场的长度为 8 bit（二进制的），开头 6 bit 是报文响应信息识别码和数据场的个数（报文响应数据场的个数在 0 ~ 8 之间）。后两位是校验位，用于检查数据传输是否有错误。当出现识别码传输错误时，校验位可防止控制单元与错误的信息适配。

2. 信息内容

信息内容有两种类型：一是从控制单元收到主控制单元发来的信息标题中带有要求从控制单元回应的信息后，LIN 从控制单元根据识别码给这个回应提供回应信息；二是由主控制单元发出的命令信号，相应的 LIN 从控制单元会使用这些数据去执行各种功能。

信息内容由 1 ~ 8 个数据场构成，每个数据场是 10 个二进制位，其中包括一个显性起始位和一个隐性停止位。起始位和停止位用于再同步，从而避免传输错误。

【赛证习题】

思政园地：做事情
要抓主要矛盾

一、填空题

1. LIN 总线传输数据线是 _____ 线，数据传输速率为 _____。

2. LIN 总线的传输方式有 _____、_____ 两种。

3. LIN 数据总线系统常见的故障有 _____、_____、_____。

二、判断题

（　）1. 只有当 LIN 主控制单元发送出控制指令后，从控制单元的传感器和执行元件才会反应。

（　）2. LIN 从控制单元的软件内已设定了一个顺序，LIN 从控制单元就按这个顺序将信息标题发送至 LIN 总线上。

（　）3. LIN 总线上无信息发送时电压为 0 V。

（　）4. 当 LIN 数据总线出现故障时，可使用万用表对其进行波形分析和故障诊断。

三、简答题

1. 简述 LIN 总线的数据传输原理及传输方式。

2. 简述 LIN 总线的信号波形特征。

3. 简述 LIN 总线常见的故障。

任务四

排除 LIN 总线系统故障

【任务目标】

1. 知识目标

掌握 LIN 总线系统的故障检修流程及方法。

重点和难点：

LIN 总线系统的故障检修方法。

微课　项目二任务 4

2. 技能目标

（1）能够正确使用检测设备，按照流程对 LIN 总线系统进行检测；

（2）能够分析、判断并排除 LIN 总线系统故障。

3. 思政目标

（1）通过实际 LIN 总线故障案例，培养学生举一反三的思维能力；

（2）通过学生小组合作探究，培养学生的团队合作意识；

（3）培养学生精益求精的工匠精神。

【任务导入】

故障现象：一辆 2020 款一汽 - 大众迈腾轿车，操作右后车门车窗升降器开关，右后车门玻璃升降器无法工作；操作中控门锁，右后车门门锁电机也无法工作。

故障分析：由于只单独右后车门所有功能完全失效，而右后车门的唤醒及多数功能均受控于右前门，主驾驶控制也需通过 CAN 总线控制右前门再通过 LIN 总线控制右后门，所以右后门控制模块、LIN 线或其电路出现故障的概率较高。如果你是维修技师，你该如何对其进行检修？

【任务分析】

对 LIN 总线系统故障进行检测与维修，需先了解电动车窗 LIN 总线系统电路组成，以及 LIN 总线的维修流程。

一、电动车窗 LIN 总线系统电路组成

电动车窗 LIN 总线系统一般主要由车窗玻璃、车窗升降器、车窗控制器、驾驶员侧车窗开关、乘客侧车窗开关、舒适/便携系统控制单元等组成。一汽 – 大众迈腾轿车电动车窗的电路组成如图 2 – 14 所示。

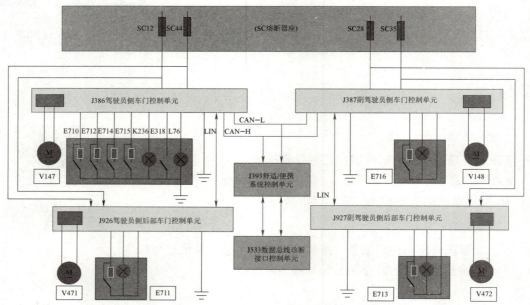

图 2 – 14　一汽 – 大众迈腾轿车电动车窗的电路组成

二、LIN 总线系统的故障检修

（一）故障检修流程

LIN 总线系统故障一般为控制单元故障或 LIN 线路故障，通常按照以下流程进行故障检修。

LIN 总线系统故障检修流程如图 2 – 15 所示，首先，通过诊断仪读取主控制单元故障码，判断是单个从控制单元无法通信，还是整个 LIN 总线无法通信。若是单个从控制单元无法通信，则故障可能是该从控制单元未正常工作或 LIN 总线支路断路；若是整个 LIN 总线无法通信，则故障可能是 LIN 总线（对地或对正极）短路或主控制单元侧断路。

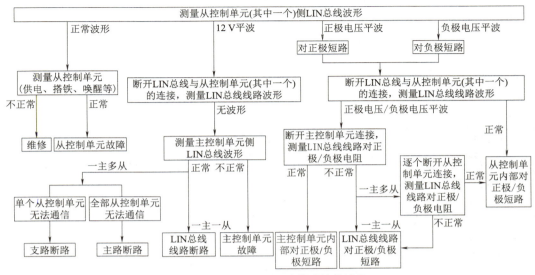

图 2 - 15　LIN 总线系统故障检修流程

(二) 故障检修方法

①铺设车辆防护用品 (三件套及翼子板布), 拉起驻车制动器或将变速器置于 P 挡;

②使用诊断仪进行故障自诊断, 读取 LIN 总线系统主控制单元故障码和控制开关测量值;

③检测相关熔断器及 LIN 总线系统从控制单元电源、搭铁是否正常;

④使用万用表和波形检测仪, 检测 LIN 总线电压及波形是否正常;

⑤检查相关连接导线是否正常;

⑥整理工具、仪器设备, 清洁车辆, 打扫场地卫生。

【任务实施】

一、实训前准备

1. 实训场地及设备工具准备

场地: 6 个工位, 车辆 6 辆 (各型车辆)。

设备: 万用表、电路图、试电笔。

专用工具: 示波器、诊断仪。

常用工具: 120 件套、螺丝刀、扭力扳手、工具车。

2. 学生组织

分成 6 组, 每小组由 4 至 6 名学生组成, 每组完成单次练习时间为 60 min。

二、实训安排

1. 准备

①按照工位说明准备工位；
②将车辆正确停放在工位上；
③铺设车辆防护用品；
④提前检查电动车窗功能；
⑤准备维修手册；
⑥准备灭火器。

2. 讲解与示范（30 min）

①安全注意事项及纪律要求；
②拆装步骤、要求及注意事项；
③教师示范电动车窗各功能操作及故障说明；
④教师示范 LIN 总线系统故障检修流程及方法。

3. 分组练习与工位轮换（60 min）

学员分为 6 组，每组一个工位。练习内容如下：
①检查控制开关及其信号；
②检测 LIN 总线系统主控制单元；
③检测 LIN 总线系统从控制单元；
④检测 LIN 总线系统线路；
⑤观摩操作过程及记录测量结果或操作要点。
每组学员分为两个小组，分别完成两项任务，每个小组单次练习 30 min，然后进行组内交换。

4. 考核（20 min）

随机抽取 10 名学员分为 5 组进行考核。

5. 答疑及总结（10 min）

教师答复学员所提出的相关疑问；若学员无疑问，则带领学员回顾 LIN 总线系统故障检修流程及方法。

三、完成任务工单

实训　排除 LIN 总线系统故障（以电动车窗为例）

学号：＿＿＿＿＿＿＿＿＿＿　姓名：＿＿＿＿＿＿＿＿＿＿＿　日期：＿＿＿＿＿＿＿＿＿
按照正确的操作步骤，对电动车窗 LIN 总线系统故障进行检修。

1. 检查控制开关及其信号

①连接诊断仪，打开点火开关，进入自诊断，读取电动车窗故障码；
②操作车窗控制开关，读取控制开关测量值。

2. 检测 LIN 总线系统主控制单元

①按照维修手册操作步骤，拆卸车门内饰板，拆卸车窗 LIN 总线主控制单元插接器；
②操作车窗控制开关，使用万用表检测车窗 LIN 总线主控制单元电压及线束电阻。

3. 检测 LIN 总线系统从控制单元

拆卸车窗 LIN 总线从控制单元插接器，操作车窗控制开关，使用万用表检测车窗 LIN 总线从控制单元电压及线束电阻。

4. 检测 LIN 总线系统线路

使用检测设备测量车窗 LIN 从控制单元端的 LIN 总线电压及波形。

5. 记录

根据测量值，判断 LIN 总线系统故障部位，并将结果记录在表格内。

电动车窗 LIN 总线系统故障检测表

测量部位	测量项目	测量位置	测量结果	结果分析
控制开关	测量值（开关信号）			
	电阻			
	电阻			
	电阻			
	电阻			
LIN 总线主控制单元	电压			
LIN 总线主控制单元线束	电阻			
LIN 总线从控制单元	电压			
LIN 总线从控制单元线束	电阻			
LIN 总线	电压			
	电压			
	波形			
	波形			
	电阻			
	电阻			

6. 恢复

安装拆卸的相关部件，验证故障是否排除，并将车辆恢复至完好状态。

7. 清洁

清洁车辆，整理工具及设备，清洁场地卫生。

四、技术要求和标准

①操作方法符合维修手册的要求；
②按照电路图正确分析故障；
③根据维修手册的数据分析测量结果并判断 LIN 总线系统故障。

五、实训注意事项

1. 安全注意事项

①清洁 LIN 总线插接器及数据线；
②谨防线路短路等易起火的因素。

2. 操作注意事项

①拆卸时注意插接器与线束之间的连接；
②注意防护电动车窗传动机构。

【任务评价反馈】

项目二任务四		排除 LIN 总线系统故障（以电动车窗为例）				
学生基本信息	姓名		学号		班级	
	组别		时间		成绩	
能力要求		具体内涵		评分标准	分值	得分
专业能力	检查电动车窗电路故障	a. 实施准备 b. 检查电动车窗控制开关及其信号 c. 检测电动车窗 LIN 总线系统主控制单元电压及线束电阻 d. 检测电动车窗 LIN 总线系统从控制单元电压及线束电阻 e. 检测电动车窗 LIN 总线电压及波形 f. 观摩操作过程及记录测量结果或操作要点 g. 整理工具、清理现场 h. 安全用电，防火，无人身、设备事故		10 10 10 10 10 10 5 5	70	
	具体要求	分成 6 组，每小组由 4 至 6 名学生组成，每组完成单次练习时间为 60 min				
社会能力	团队合作	是否和谐		5	15	
	劳动纪律	是否严格遵守		5		
	沟通讨论	是否积极有效		5		

方法能力	制订计划	是否科学合理	5	15	
	学习新技术能力	是否具备	5		
	总结能力	是否正确总结	5		
下一步改进措施					
考核教师签字		结果评价		项目成绩	

【知识拓展】

车载网络常用检测仪器——示波器

示波器是一种用途十分广泛的电子测量仪器。它能把电信号变换成图像，便于人们研究各种电现象的变化过程。

利用示波器能观察各种不同信号幅度随时间变化的波形曲线，还可以用它测试各种不同的电量，如电压、电流、频率、相位差、幅值等。

汽车示波器不仅可以快速捕捉电信号，还可以记录信号波形，显示电信号的动态波形，便于一面观察一面分析。

无论是高速信号（如喷油器、间歇性故障信号）还是低速信号（如节气门位置变化及氧传感器信号），用汽车示波器都可得到真实的波形曲线，犹如医生给患者做心电图一样。

在汽车网络系统的故障诊断、检测中，既可以采用多通道通用示波器对总线波形进行分析，也可以使用具有示波器功能的汽车专用检测仪对总线波形进行分析。汽车专用检测仪是一个集车辆诊断、检测、信息系统于一体的综合式检测仪，在汽车网络系统的故障诊断、检测和波形分析中发挥着不可替代的作用。双通道通用示波器（20 MHz）如图2-16所示，汽车专用检测仪总成如图2-17所示。

图2-16　双通道通用示波器（20 MHz）

图2-17　汽车专用检测仪总成

【赛证习题】

思政园地：乘客安全的"幕后守护者"

一、填空题

1. LIN 总线系统故障一般为 _____ 故障和 _____ 故障。

2. 当 LIN 总线线路出现故障时，可使用 _____ 检测 LIN 总线波形。

3. LIN 总线上有信息发送时，电压为 _____ V。

二、判断题

（ ）1. LIN 总线系统故障一般为控制单元故障或 LIN 线路故障。

（ ）2. 当 LIN 从控制单元无通信信号时，可能的故障原因有 LIN 从控制单元本身损坏、LIN 从控制单元供电故障、LIN 从控制单元数据传递故障等。

（ ）3. 当 LIN 从控制单元出现不可靠信号时，可能的故障原因有数据通信信息传递不完整、LIN 总线受到电磁干扰等。

三、简答题

1. 简述电动车窗 LIN 总线系统电路组成。

2. 如何判断 LIN 总线系统故障是控制单元故障还是线路故障？

3. 简述 LIN 总线故障检修方法。

项目三
车载网络MOST总线系统

　　现代汽车上使用了大量的电子控制装置，许多中高档轿车采用了十几个或几十个电控单元，而每一个电控单元连接着多个传感器和执行器，并且各控制单元间也需要进行信息交换，如果每项信息都通过各自独立的数据线进行传输，会导致电控单元针脚数增加，整个电控系统的线束和插接件也会增加，最终导致故障率增加。为了简化线路，提高各电控单元之间的通信速度，降低故障频率，汽车总线系统应运而生。

　　MOST总线系统采用塑料光缆的网络协议，将音响装置、电视、全球定位系统及电话等设备相互连接起来，实现舒适、安全、信息娱乐等系统信号的传输及控制，给用户带来了极大的便利。在MOST总线系统中，不仅对通信协议给出了定义，而且也说明了分散系统的构筑方法。

　　MOST总线系统可以不需要额外的主控计算机系统，结构灵活、性能可靠和易于扩散。MOST网络光纤作为物理层的传输介质，可以连接视听设备、通信设备以及信息服务设备。MOST网络支持"即插即用"方式，在网络上可以随时添加和取出设备。MOST总线系统为多媒体时代的车载电子设备所必需的高速网络、分散系统的构筑方法、遥控操作及集中管理的方法等提供了方案。

任务一
了解与认知 MOST 总线系统

【任务目标】

1. 知识目标
（1）了解 MOST 总线系统发展历程；
（2）了解 MOST 总线系统作用、定义、特性；
（3）了解 MOST 总线系统应用方向和范围。
重点和难点：
MOST 总线系统作用、定义。

微课　项目三任务 1

2. 技能目标
（1）能在实操设备上找到 MOST 总线系统部件；
（2）能够正确识别 MOST 总线系统发出的光信号。

3. 思政目标
使学生意识到全面认识客观事物的重要性。

【任务导入】

一辆 2009 年生产的奥迪 A6L 轿车，行驶里程 12.8 万 km，车主反映该车的 CD 音响不能工作。

原因分析：经检查，该车 CD 设备确实不工作，伴随电话机、导航屏播放视频、车载 TV 等多个系统不能正常运行。初步分析是通信故障所致。该车采用的是 MOST 总线系统，需要对 MOST 总线系统进行完整诊断和排故。

【任务分析】

车载媒体部件发生通信故障可能是 MOST 总线系统发生故障。

一、MOST 总线系统发展史

MOST（Media Oriented Systems Transport，MOST）是面向媒体的系统传输的简称，是一

项目三　车载网络 MOST 总线系统

107

种车内网络界面标准，主要是为了让汽车或其他运输交通工具内的多媒体组件能够互联而设计。MOST 技术与原有的车用网络技术不同，它运用光纤来进行主干性的大量、高速传输，使得支末的总线连接在传输率上能远超越过去的总线通信技术。

MOST 技术最初由 Oasis Silicon Systems 公司（一家电子元器件制造商）与宝马、Becker Radio（一家音响系统制造商）和戴姆勒－克莱斯勒于 1997 年合作设计，用于汽车环境中的多媒体应用；自合作建立以来，已有 17 家国际汽车制造商和 50 多家关键零部件供应商与 MOST 技术合作并为其创新做出贡献。1998 年，参与各方建立了一个自主化的实体公司，即 MOST 公司，Oasis Silicon Systems 公司保留对 MOST 命名的权利；MOST 旨在取代汽车制造商为满足多媒体组件连接要求而使用的笨重且昂贵的线束。基于塑料光纤（POF），MOST 网络不仅提供了更高的性能，而且更稳健（无接地回路等），成本更低。

MOST 技术背后的设计方法是为最简单的多媒体设备提供低开销、低成本的网络接口。它支持例如扬声器的 D/A 转换器或更复杂的基于微处理器设备以及它们对复杂控制机制和多媒体功能的需求。这种设计原则最大限度地提高了整个系统的灵活性。同样作为汽车四大总线之列的 CAN 总线和 LIN 总线由于传输带宽的原因，不便用于多媒体数据的传输。

二、光学总线系统的种类

目前，应用较多的汽车光学总线系统主要有 DDB（Domestic Digrtal Bus）、MOST 和 Bytefight 三类。其中，早期的奔驰车系的影音娱乐系统多采用 DDB 技术，而宝马和奥迪车系的影音娱乐系统则采用 MOST 技术。Bytefight 技术是宝马车系独有的，应用于宝马车系集成化智能安全系统（Intelligent Safety Integrated System，ISIS）的安全气囊控制系统。在三类光学总线中，以 MOST 的应用最为广泛。

1. 信号的光学传输

与传统的电传输信号不同，光学传输是利用光来传输信号的，两者的区别如图 3 - 1 所示。

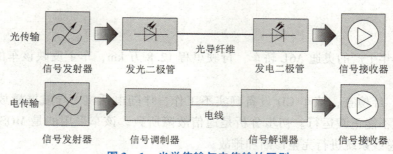

光传输　信号发射器　发光二极管　光导纤维　发电二极管　信号接收器

电传输　信号发射器　信号调制器　电线　信号解调器　信号接收器

图 3 - 1　光学传输与电传输的区别

进行光学信息传输时，数字信号借助发光二极管转换成光信号。光信号通过光纤（光缆、光纤）传输到下一个控制单元，如图 3 - 2 所示。在该控制单元上，光电二极管把光信号重新转换成数字信号。

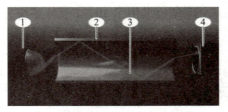

图3-2 光信号通过光缆传递
1—发射二极管 2—外壳 3—光缆 4—接收二极管

2. 光学传输的优点

在当今高档车上，数据语言和图像的传输数据量越来越大，而光纤能传输大量数据，还有质量小、维修方便的优势。

使用铜导线进行数据传输时，数据传输率较高时会形成很强的电磁辐射，这些辐射会干扰车辆电控系统的正常工作。光纤传输的是光线，在显著提高传输速度的同时，仅需要较少的电缆线即可完成传输。与铜导线传输的电信号相比，光波的波长非常短，不会产生电磁干扰，而且对电磁干扰不敏感。这种传输方式使光纤具有较高的传输速率和抗干扰能力。

MOST产生出的光波波长为650 nm，一般人的眼睛可以感知的电磁波的波长在400～760 nm之间，所以MOST传出的光波是可见红光，如图3-3所示。

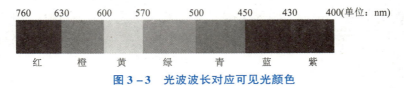

图3-3 光波波长对应可见光颜色

三、MOST总线系统在车辆上的应用

因较强的抗干扰性和极高的传输速率，MOST总线系统越来越多地被应用于车辆上。宝马7系（E65）一些局部系统采用了MOST系统，如图3-4所示

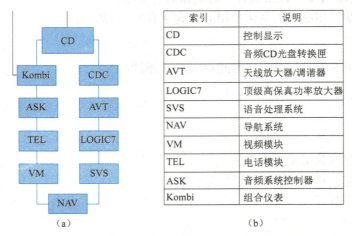

索引	说明
CD	控制显示
CDC	音频CD光盘转换匣
AVT	天线放大器/调谐器
LOGIC7	顶级高保真功率放大器
SVS	语音处理系统
NAV	导航系统
VM	视频模块
TEL	电话模块
ASK	音频系统控制器
Kombi	组合仪表

（a）　　　　　　　　　　　　（b）

图3-4 宝马7系（E65）MOST系统拓扑图
（a）MOST环形拓扑结构（蓝色部分）；（b）缩写解释

奥迪 A5（2012 年）的部分系统也采用了 MOST 总线系统，如图 3–5 所示。

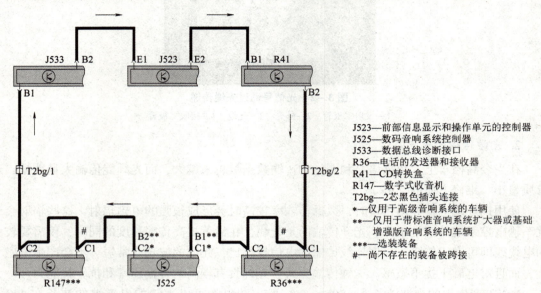

J523—前部信息显示和操作单元的控制器
J525—数码音响系统控制器
J533—数据总线诊断接口
R36—电话的发送器和接收器
R41—CD转换盒
R147—数字式收音机
T2bg—2芯黑色插头连接
*—仅用于高级音响系统的车辆
**—仅用于带标准音响系统扩大器或基础
　　增强版音响系统的车辆
***—选装装备
#—尚不存在的装备被跨接

图 3–5　奥迪 A5（2012 年）的 MOST 总线系统电路

【任务实施】

一、实训前准备

1. 实训场地及设备工具准备

场地：5 个工位，5 辆车。

设备：适配车型的维修手册。

常用工具：120 件套、改锥套件、各类钳具、手电。

耗材：车辆防护用品、人员防护用品（含手套）、清洁工具。

2. 学生组织

分 5 组，每组 6 人，每组操作时间 60 min（累计）。

二、实训安排

1. 准备

①安全注意事项及纪律要求；

②对车辆充电、对车辆性能提供保障；

③准备维修手册。

2. 讲解与示范（30 min）

①安全注意事项及纪律要求；

②拆装步骤、要求及注意事项；

③团队配合与协作关系的保持；

④查找 MOST 系统和模块的方法；

⑤找到 MOST 各模块和线束的方法。

3. 分组练习与工位轮换（60 min）

①学员分为 5 组，每组 6 人，一人为组长兼任安全员；

②查阅手册找出实训车辆的总线系统拓扑结构；

③分工查找车辆前部、中部、后部的 MOST 系统各个模组；

④进一步找到这些模组的光缆并拔出插头学习其结构；

⑤做好实施过程记录和成果记录。

4. 考核（20 min）

随机选拔学生参加集中考核，现场指认指定的部件。

5. 答疑及总结（10 min）

教师答复学员所提出的相关疑问；若学员无疑问，则进行本次实操点评（涉及知识点薄弱处回顾、操作错误讲解、指出协作问题、指出 6S 问题）。

三、完成任务工单

实训　了解与认知 MOST 总线系统

学号：_____姓名：_____日期：_____

1. 实训车辆的 MOST 系统都包含什么模块？请写出。

2. 实训车辆的 MOST 系统的模块都安装在哪里？

3. MOST 线束表皮是什么颜色？每个模块安装有几根？发出的光波是什么颜色和频率？

四、技术要求和标准

按照维修手册的要求执行附件的拆装。

五、实训注意事项

①操作时提高防火意识，灭火器放置在随手触及的地方。

②按照规定佩戴保护手套。

③不可佩戴首饰、手表操作，女生将长头发盘起。

④不可对车辆螺杆、螺母、接插器进行随意频繁拆装（每组不超过 3 次），以保持车辆耐久性；着工装、防护鞋进入实训室。

⑤保护 MOST 线束，千万不可弯折、拉拽。

⑥保护 MOST 线束接插器，千万不可污损、暴力插拔。

【任务评价反馈】

项目三任务一		了解与认知 MOST 总线系统				
学生基本信息	姓名		学号		班级	
	组别		时间		成绩	
能力要求		具体内涵		评分标准	分值	得分
专业能力	拆装附件，查找 MOST 模组位置，拆装插接器，读取故障码	a. 遵照标准的维修流程和正确的拆装工序		15	70	
		b. 使用正确的工具		15		
		c. 没有产生额外的故障		10		
		d. 正确找到所有的模组和线束		20		
		e. 现场 6S 管理		10		
社会能力	团队合作	是否有效协作		5	15	
	劳动纪律	是否遵守		5		
	沟通讨论	是否积极和有效		5		
方法能力	制订计划	是否科学合理		5	15	
	决策实施	是否科学合理且无明显漏洞和隐患		5		
	总结和再学习	是否总结准确和有明显的学习行为		5		
下一步改进措施						
考核教师签字		结 果 评 价				总成绩

【知识拓展】

D2B 总线是一种光纤数据传输总线，主要应用在早期生产的奔驰车型上，如 163、203、210、220 等，用于收音机、导航、CD 换碟器、音控放大器、移动电话等部件之间的通信，通过光波来传输数据。D2B 数据总线传输速率大约是 5.6 Mbit/s，可以同时传输声音和命令信号。D2B 数据网络一般情况下需要 5 根外接线：2 根电源线、输入与输出光纤线路（D2B）、唤醒信号线。D2B 数据总线是一个闭环结构，数据传输只有一个方向，元件的安排由出厂设置决定。D2B 总线上的每个控制模块在光缆接口处都有光信号接收和发送装置。

光信号接收和发送装置与控制模块内部的传输接收器对接，传输接收器与控制模块的微处理器对接，传输接收器还与控制模块内部的供电模块对接。当某个控制模块收到一个控制模块传来的光信号时，由光信号接收和发送装置的光电二极管将光信号转换为电信号，传输接收器将电信号发送至微处理器，同时传输接收器将电信号发送至光信号接收和发送装置，并由光信号接收和发送装置的发光二极管将电信号转换成光信号，然后将光信号传送到下一个控制模块。

【赛证习题】

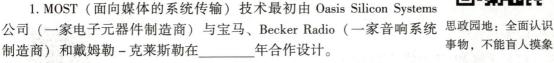

思政园地：全面认识事物，不能盲人摸象

一、填空题

1. MOST（面向媒体的系统传输）技术最初由 Oasis Silicon Systems 公司（一家电子元器件制造商）与宝马、Becker Radio（一家音响系统制造商）和戴姆勒－克莱斯勒在_____年合作设计。

2. MOST 总线系统的传输速率高达_____ Mbit/s。

3. MOST 总线系统的光波波长为_____ nm，是_____色的可见光。

二、判断题

（　）1. 光纤线束可以随意弯折，非常灵活。

（　）2. 拥有 MOST 总线系统的车辆不会配备 CAN 总线，因为已经兼容了。

（　）3. MOST 总线系统往往应用于发动机电控系统中。

三、简答题

请简要描述 MOST 总线系统的发展历史。

任务二

认识 MOST 总线系统结构

【任务目标】

1. 知识目标

(1) 了解 MOST 总线系统组成；

(2) 了解 MOST 总线系统的速率特性；

(3) 了解 MOST 总线系统环形结构特点。

重点和难点：

MOST 总线系统环形结构。

微课　项目三任务2

2. 技能目标

(1) 能够准确理解 MOST 总线系统拓扑结构图；

(2) 能够正确拆画 MOST 总线系统电路图。

3. 思政目标

使学生意识到抓住事物主要矛盾的重要性。

【任务导入】

一辆 2009 年生产的奥迪 A6L 轿车，行驶里程 12.8 万 km，车主反映该车的 CD 音响不能工作。

原因分析：经检查，该车 CD 设备确实不工作，伴随电话机、导航屏播放视频、车载 TV 等多个系统不能正常运行。初步分析是通信故障所致。该车采用的是 MOST 总线系统，需要对 MOST 总线系统进行完整诊断以排除故障。

【任务分析】

一、总线系统组成

（一）MOST 光学传输控制单元

在光学总线中，每一个总线用户（收音机、CD 机、视频导航器等）都有一个光学传输控制单元，用于实现光学传输的信号调制、解调和控制。MOST 光学传输控制单元如图 3 – 6 所示，内部供电装置、收发单元 – 光导发射器（FOT）、MOST – 收发机、标准微控制器（CPU）、专用部件等组成。

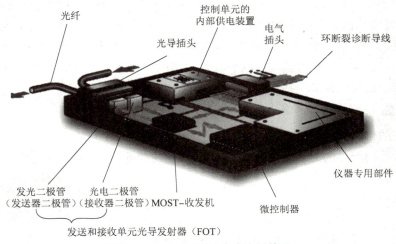

图 3 – 6   MOST 光学传输控制单元

光导插头用于实现光纤与光学传输控制单元之间的连接。光信号通过光导插头进入光学传输控制单元，本控制单元产生的光信号通过光导插头、光纤传往下一个光学传输控制单元（总线用户）。

电气插头用于系统供电、系统故障自诊断以及输入/输出信号的传输。

内部供电装置把电气插头送入的电能分送到各个部件，这样就可以有选择地单独关闭控制单元内某一部件，从而降低静态电流。

收发单元 – 光导发射器由一个光电二极管和一个发光二极管构成，到达的光信号由光电二极管转换成电压信号（实现由光到电的转变）后传至光波收发器。发光二极管的作用是把来自光波收发器的电压信号再转换成光信号（实现由电到光的转变）。数据经光波调制后传送，调制后的光经由光纤传到下一个控制单元。

收发器由发射器和接收器两个部件组成。发射器将要发送的信息作为电压信号传至光导发射器。接收器接收来自光导发射器的电压信号并将所需的数据传至控制单元内的"微控制器"。其他控制单元不需要的信息由收发器来传送，而不是将数据传到微控制器上，这些信息原封不动地发至下一个控制单元。

微控制器是控制单元的核心元件，它的内部有一个微处理器，用于操纵控制单元的所有基本功能。

专用部件用于控制某些专用功能，如 CD 播放机的选曲和收音机调谐器的控制（选择广播电台频率）等。

（二）光敏二极管

光敏二极管是利用光电效应原理将光波转换成电压信号的器件，光敏二极管内有一个 PN 结，入射光可以照射到 PN 结上。在 P 型层上有一个正极触点（滑环），N 型层与金属底板（负极）相连。

如果入射光或红外线照射到 PN 结上，PN 结内就会产生自由电子和空穴，从而形成穿越 PN 结的电流。照射到光敏二极管上的入射光越强，流过光敏二极管的电流就越大。这个现象称为光电效应。

在实际应用中，光敏二极管一般与一个电阻串联连接。如果入射光强度很大（入射光强烈），流过光敏二极管和电阻的电流就会增大，电阻两端的电压降也会增大，P 点呈现高电平状态；反之，如果入射光比较微弱，则流过光敏二极管和电阻 R 的电流就会减小，电阻上的电压降也会减小，P 点呈现低电平状态。这样，利用光电效应原理，可以将照射到光敏二极管的光波信号转换成电压信号。

（三）光纤

作为光波的传输介质，光纤（光缆）的作用是将在某一控制单元发射器内产生的光波传送到另一控制单元的接收器，如图 3 - 7 所示。

1）光纤的种类

常用的光纤有塑料光纤和玻璃纤维光纤两种，在汽车上常用塑料光纤。与玻璃纤维光纤相比，塑料光纤具有以下优点：

①光纤横断面较大。

②制造过程简单。

③更易于使用，因为塑料不会像玻璃一样脆弱。

④更容易加工处理，在导线制造时以及在进行售后服务维修时具有较大的优势。

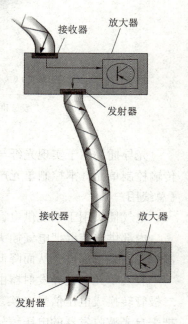

图 3 - 7　光纤的光传导

2）光纤的特点

为了确保光波的正常传输，车载网络系统中的光纤应具有如下特点：

①在光纤中传输时，光波的衰减应尽可能小，以防止信号失真。

②光波应能通过弯曲的光纤来传输，以适应在车内安装的需要。

③光纤应是柔性的，以适应车辆的颠簸和振动。

④在 -40 ~ 85 ℃温度范围内，光纤应能保证可靠传输光波。

MOST 总线系统数据传输对于实现车载多媒体影音娱乐系统的所有功能及要求具有重要意义，因为以前所使用的 CAN 数据总线的传输速率是不够的，无法满足相应的数据量要求（如图 3 - 8 所示为多媒体的数据传输速率）。仅仅是带有立体声的数字式电视系统，就需要约 6 Mbit/s 的传输速率，而 MOST 总线系统的传输速率可达 22.5 Mbit/s。

MOST 总线系统中，相关部件之间的数据交换是以数字方式来进行的。通过光波进行数据传递，具有导线少且质量小的优点，另外传输速度也快得多。

与无线电波相比，光波的波长更短，因此它不会产生电磁干扰，同时对电磁干扰也不敏感。这些特点决定了其传输速率很高且抗干扰能力强。

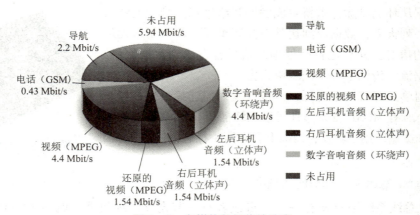

图 3 - 8   多媒体数据传输速率

二、总线系统结构

(一) 拓扑结构

MOST 总线系统的一个重要特征就是它的环形结构,如图 3 - 9 所示。控制单元通过光纤沿环形方向将数据发送到下一个控制单元。这个过程持续进行,直至首先发出数据的控制单元又接收到这些数据为止,这就形成了一个封闭环。

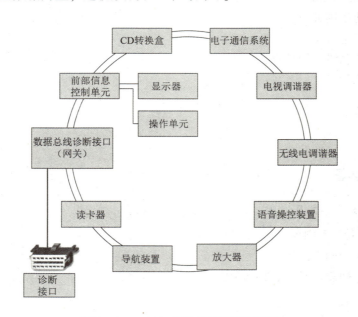

图 3 - 9   MOST 总线系统环形拓扑图

在 MOST 总线系统中,每个终端设备(节点、控制单元)在一个具有环形结构的网络中通过光纤环相互连接。音频、视频数据信息在环上循环,该信息将由每个节点(控制单元)读取和转发。

当一个节点要发送数据时,该节点生成发射就绪信息,并把它改成"占用"信息;被作为接收器地址的节点复制数据,并在环形总线中继续发送。如果数据重新到达发射器,发射器就把数据从环上删除并重新生成发射就绪信息。光纤上的数据流就如同一列火车，数据流到达某一控制单元，该控制单元从中收取所需的信息，并且把自己处理的信号也发送到数据流中，构成新的数据流，传到下一个控制单元去。

每个控制单元都有两根光纤，一根与发射器连接，另一根与接收器连接；所有 MOST 插头都有两根光纤插头。针脚 pin1 始终用于输入，pin2 始终用于转发，插头上会有箭头标志，如图 3-10 所示。

图 3-10　光纤插头

（二）MOST 总线系统环形网络结构特点

①MOST 总线系统中只要有一个节点或者有一节光纤出现故障，就会影响到整个网络系统；

②MOST 总线系统可利用即插即用原则，非常简单地通过增加部件来扩展系统；

③通过数据总线自诊断接口和诊断 CAN 可对 MOST 总线系统进行诊断。

（三）MOST 总线系统管理器

MOST 总线系统管理器与诊断管理器共同负责 MOST 总线系统内的系统管理。在奥迪 2008 款 A8 上，数据总线诊断接口 J533（网关）起诊断管理器的作用。前部信息系统控制单元 J523 执行系统管理器的功能。

系统管理器的作用如下：
①控制系统状态；
②发送 MOST 总线系统信息；
③管理传输总量。

【任务实施】

一、实训前准备

1. 实训场地及设备工具准备

场地：5 个工位，5 辆车。
设备：适配车型的电路图。
耗材：铅笔、橡皮、直尺、白纸。

2. 学生组织

学员分为 5 组，每名组员至少独立完成一次。

二、实训安排

1. 准备

①准备电路图；
②准备绘图工具和材料。

2. 讲解与示范（30 min）

①注意事项及纪律要求；

②查找 MOST 电路的方法；

③拆画 MOST 电路图的方法。

3. 拆画实施（70 min）

①学员分为 5 组，每组 6 人，一人为组长并监督组员；

②查阅电路图，找出实训车辆的电路走向；

③拆画电路图并找出与 MOST 通信相关的所有电路。

4. 答疑及总结（20 min）

教师答复学员所提出的相关疑问；如学员无疑问，则进行本次实操点评，涉及知识点薄弱处回顾、操作错误讲解、指出协作问题、指出 6S 问题。

三、完成任务工单

实训　认识 MOST 总线系统结构

学号：_____　姓名：_____　日期：_____

1. 绘制电路图

请拆画出实训车辆的 MOST 电路图。

2. 识别 MOST 总线系统部件

请填写实训车辆的 MOST 总线系统各模块的供电针脚、打铁针脚、唤醒针脚和诊断针脚。

序号	模块名称	供电针脚	搭铁针脚	唤醒针脚	诊断针脚
1					
2					
3					
4					
5					

四、技术要求和标准

按照电路图的要求进行拆画，针脚、线径、颜色代号、模块代号都应有所体现。

【任务评价反馈】

项目三任务二		认识 MOST 总线系统结构					
学生基本信息	姓名		学号		班级		
	组别		时间		成绩		
能力要求		具体内涵		评分标准	分值		得分
专业能力	查找电路图准确性，电路图拆画准确性	a. 所有的模块都被找到		15	70		
		b. 所有的光纤线束都被拆画		15			
		c. 所有的唤醒线（如有）都被拆画		10			
		d. 所有的诊断线（如有）都被拆画		20			
		e. 电流走向和光线走向都被拆画		10			
社会能力	团队合作	是否有效对组员进行管理		5	15		
	劳动纪律	是否遵守		5			
	沟通讨论	是否积极和有效		5			
方法能力	制订计划	是否科学合理		5	15		
	决策实施	是否科学合理且无明显漏洞和隐患		5			
	总结和再学习	是否总结准确和有明显的学习行为		5			
下一步改进措施							
考核教师签字		结果评价					总成绩

【知识拓展】

在 MOST 网络拓扑结构中，还有一种"隐形"的诊断线拓扑结构，如图 3-11 所示。

如果 MOST 总线系统上出现环形中断，那么就无法进行数据传递了，因此应使用诊断导线来进行环形中断诊断。诊断导线通过中央导线连接器与 MOST 总线系统上的各个控制单元相连。

环形中断诊断开始后，诊断管理器通过诊断导线向各控制单元发送一个脉冲。这个脉冲使得所有控制单元用光导发射器内的发射单元发出光信号。在此过程中，所有控制单元检查自身的供电及其内部的电控功能，同时也接收总线上前一个控制单元发送的光波信号。

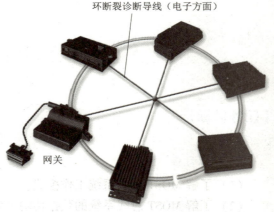

图 3-11　诊断线拓扑结构

【赛证习题】

一、填空题

1. 收发单元 - 光导发射器（FOT）由一个_____二极管和一个_____二极管构成。

2. 光学传输控制单元由_____、_____、_____、_____、_____等组成。

3. 光信号通过_____进入光学传输控制单元，本控制单元产生的光信号通过光导插头、_____传往下一个光学传输控制单元（总线用户）。

4. 在 MOST 总线系统中，每个终端设备（节点、控制单元）在一个具有_____结构的网络中通过光纤环相互连接。

二、判断题

（　）1. 收发器由发射器和接收器两个部件组成。

（　）2. 发射器将要发送的信息作为电压信号传至光导发射器。

（　）3. 微控制器是控制单元的核心元件，它的内部有一个微处理器，用于操纵控制单元的所有基本功能。

（　）4. 系统管理器不能发送 MOST 信息。

三、简答题

1. 请简要描述光纤的特点。

2. 请简要描述 MOST 环形结构的特点。

任务三

MOST 总线系统原理分析

【任务目标】

1. 知识目标

(1) 了解 MOST 总线系统工作模式；

(2) 了解 MOST 总线系统的数据传输逻辑；

(3) 了解光纤工作原理。

重点和难点：

(1) MOST 总线系统的数据传输逻辑；

(2) MOST 总线系统工作模式。

微课　项目三任务 3

2. 技能目标

(1) 能够执行 MOST 总线系统诊断测试；

(2) 能够根据 MOST 总线系统诊断测试结果判断故障原因。

3. 思政目标

使学生意识到运用正确的方法解决问题的重要性。

【任务导入】

　　一辆 2009 年生产的奥迪 A6L 轿车，行驶里程 12.8 万 km，车主反映该车的 CD 音响不能工作。

　　原因分析：经检查，该车 CD 设备确实不工作，伴随电话机、导航屏播放视频、车载 TV 等多个系统不能正常运行。初步分析是通信故障所致。该车采用的是 MOST 总线系统，需要对 MOST 总线系统进行完整诊断并排除故障。

【任务分析】

一、光纤工作原理

　　如图 3 - 12 所示，光纤由几层构成。纤芯是光纤的核心部分，是光波的传输介质，也可以称为光波导线。纤芯一般用有机玻璃或塑料制成，纤芯内的光波根据全反射原理，可以几乎无损失地传输。透光的反射涂层是由氟聚合物制成的，它包在纤芯周围，对全反射起关键作用。黑色遮光包层是由尼龙制成的，用来防止外部光源照射，避免产生干扰，彩色包层起到识别、保护及隔热作用。

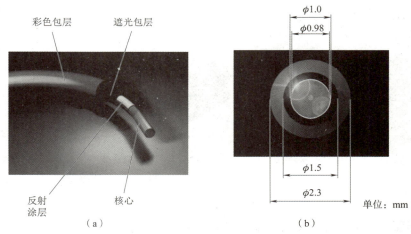

图 3 - 12　光纤结构及尺寸

（a）光纤的结构；（b）光纤各部分的尺寸

①直的光纤：在直的光纤中，光波是按全反射原理在纤芯表面以 Z 字形曲线传输的。

②弯曲的光纤：在弯曲的光纤中，通过全反射在纤芯的涂层面上反射，可以实现光波的正常传输，但光纤的曲率不宜过大。

③全反射：当一束光波以小角度照射到折射率高的材料与折射率低的材料之间的界面时，光束就会被完全反射，这种现象称为光波的全反射。

光纤中的纤芯是折射率高的材料，涂层是折射率低的材料，所以全反射发生在纤芯的内部。光波能否发生全反射，取决于从内部照射到界面的光波角度，如果该角度过陡，那么光波就会离开纤芯，从而造成较大损失。当光纤弯曲或弯折过度时就会出现这种情况，造成光波传输的衰减，甚至失真。因此，使用时通常要求光纤的弯曲半径不可小于 25 mm，否则会出现信号衰减，如图 3 - 13 所示。

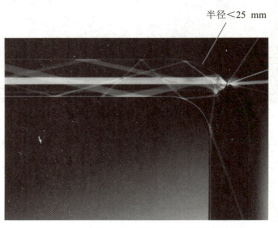

图 3 - 13　光纤传输光信号时出现信号衰减

④专用插头：为了能将光纤连接到控制单元上，在光学传输系统中使用了一种专用插头，如图 3 – 14 所示。插座本体上有一个光波信号传输方向箭头，表示光波传输方向（通向接收器）。插头壳体就是光纤与控制单元的连接处。

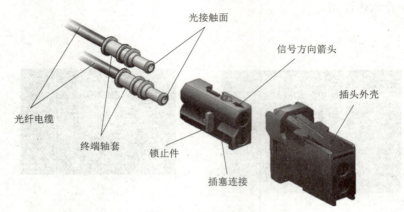

图 3 – 14　专用插头

⑤光纤端面：为了能使光波在传输过程中的损失尽可能小，光纤的端面应光滑、垂直、洁净，如图 3 – 15 所示，只有使用专用的切割工具才能达到上述要求。切割面上的污垢和刮痕会产生很高的损耗（衰减）。通过内芯线的端面，光被传送到控制单元中的发射机/接收机。光纤上被安装了激光焊接的塑料套圈或压接式的黄铜套圈，因此它能够被固定在插头外壳中的正确位置。

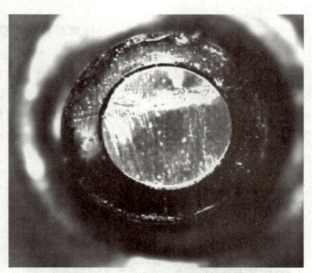

图 3 – 15　光纤端面

⑥光信号的发送过程：如图 3 – 16 所示，光信号的传输类似于电信号的传输，发光二极管将收发机送来的数字信号转化为光信号（如数字信号为 010101，转化成光信号为亮 – 灭 – 亮 – 灭 – 亮 – 灭）。这些光信号通过光纤传到下一个控制单元后，由该控制单元内部的光电二极管将光信号重新转化为数字信号。

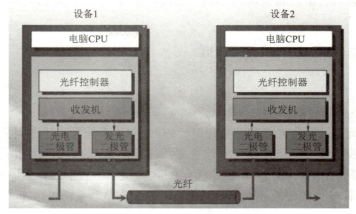

图 3 - 16　光信号传输过程

二、MOST 总线系统工作模式

（一）休眠模式

处于休眠状态时，MOST 总线系统内没有数据交换，装置处于待命状态，静态电流降至最小值；此时，只能由系统管理器发出的光波启动脉冲来激活。

进入休眠模式的条件如下：

①MOST 总线系统上的所有控制单元都已准备好要切换到休眠模式；

②其他总线系统没有通过网关提出任何要求；

③故障自诊断系统没有处于工作状态。

在上述条件下，MOST 总线系统可通过下述方法切换到休眠状态：

①在蓄电池放电时，由蓄电池管理器经网关切换到休眠状态；

②通过诊断仪器激活"传输模式"，使 MOST 总线系统切换到休眠状态。

（二）备用模式

MOST 总线系统处于备用模式时，无法为用户提供任何服务，给人的感觉就像系统已经关闭一样。但这时 MOST 总线系统仍在后台运行，所有的输出介质（如显示屏、收音机放大器等）都不工作或不发声。备用模式在发动机起动及系统持续运行时被激活。

进入备用模式的条件如下：

①由其他数据总线通过网关激活，如驾驶员侧车门门锁打开、车钥匙插入点火开关、点火开关 ON 挡接通等；

②由 MOST 总线系统上的某个控制单元来激活，如外界打入的电话等。

（三）通电工作模式

MOST 总线系统处于通电工作模式时，控制单元完全接通，MOST 总线系统上有数据交换，用户可使用影音娱乐、通信、导航等所有功能。

进入通电工作模式的前提条件有如下几点：

①MOST 总线系统处于备用状态；

②其他数据总线通过网关激活 MOST 总线系统（如显示屏工作、点火开关二挡闭合）；

③用户操作影音娱乐设备来激活 MOST 总线系统（如通过多媒体操作单元的功能选择按钮）。

三、MOST 总线系统的数据传输逻辑

1. 脉冲频率

MOST 总线系统管理器以 44.1 kHz 的脉冲频率向环形总线上的下一个控制单元发送信息帧。由于使用了固定的时间光栅和脉冲频率，MOST 总线系统允许传递同步数据。

在 MOST 总线系统中，音频和视频信息必须以同步数据形式，用相同的时间间隔来发送。MOST 总线系统采用的 44.1kHz 这个固定的脉冲频率与数字式音频、视频装置（如 CD 机、DVD 机、收音机）的传输频率是相同的，可以实现整个系统的脉冲频率同步。

2. 信息帧的结构

如图 3-17 所示，一个 MOST 信息帧的大小为 64 个字节（1 个字节为 8 位）。

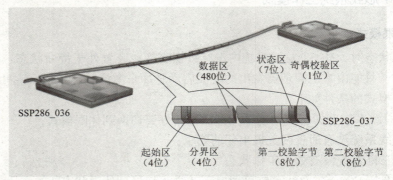

图 3-17　信息帧结构

①起始区：表示一个信息帧的开始，每段信息帧都有自己的起始区。

②分界区：分界区用于区分起始区和数据区。

③数据区：MOST 总线系统的信息帧在数据区最多可将 60 个字节的有效数据发送到控制单元。数据分为两种类型：一种是同步数据，如音频和视频信息；另一种是异步数据，如图片、用于计算的信息及文字信息等。数据区的分配是可变的，数据区的异步数据在 0 ~ 36 个字节，同步数据在 24 ~ 60 个字节，同步数据的传输具有优先权。异步数据根据发射器/接收器的地址（标识符）和可用异步总容量，以 4 个字节为一个数据包被记录并发送到接收器上。

④校验字节：两个校验字节传送发射器/接收器地址（标识符）和接收器的控制指令（如放大器音量增大或音量减小）信息。

一个信息组中的校验字节在控制单元内汇成一个校验信息帧。一个信息组中有 16 个信息帧。校验信息帧内包含控制和诊断数据，这些数据由发射器传送到接收器，称之为根据地址进行的数据传输。

这些信息包括发射器与前部信息控制单元之间的通信、接收器与音频放大器之间的通信以及控制信号（音量增大或减小）等。

⑤状态区：包含用于给接收器发送信息帧的信息。

⑥奇偶校验区：用于最后检查数据的完整性，该区的内容将决定是否需要重复一次发送过程。

【任务实施】

一、实训前准备

1. 实训场地及设备工具准备

场地：5个工位，5辆车。

故障：设置一个简单故障，用于示范故障诊断流程（比如拔掉某个线路插头）。

设备：适配车型的维修手册、电路图。

常用工具：120件套、改锥套件、各类钳具、手电。

专用工具：VAS 6168（MOST替换模块）。

耗材：车辆防护用品、人员防护用品（含手套）、清洁工具。

2. 学生组织

分5组，每组6人，每组操作时间为60 min（累计）。

二、实训安排

1. 准备（10 min）

①安全注意事项及纪律要求；

②对车辆充电、对车辆性能提供保障；

③准备维修手册、电路图。

2. 讲解与示范（20 min）

①安全注意事项及纪律要求；

②操作步骤、要求及注意事项；

③团队配合与协作关系的保持；

④对MOST总线系统诊断测试的方法。

3. 分组练习（50 min）

①学员分为5组，每组6人，一人为组长兼任安全员；

②查阅维修手册，找出实训车辆的总线诊断流程；

③通过诊断仪器执行总线诊断程序。

4. 考核

每组指派学生进行一次现场操作（教师可以随机抽查各个实施环节，不必全部进行考核）。

5. 答疑及总结（10 min）

教师答复学员所提出的相关疑问；若学员无疑问，则进行本次实操点评，涉及知识点薄

弱处回顾、操作错误讲解、指出协作问题、指出 6S 问题。

三、完成任务工单

实训　MOST 总线系统原理分析

学号：＿＿＿＿＿＿＿＿＿＿＿　姓名：＿＿＿＿＿＿＿＿＿＿＿　日期：＿＿＿＿＿＿＿＿＿＿＿

1. 填写实操步骤表格

序号	步骤描述	注意事项
1		
2		
3		
4		
5		
6		
7		
8		
9		
10		

2. 填写实训车辆 MOST 总线系统的操作流程表

步骤序号	步骤名称	操作描述	过程记录（数值、结论、评判等）
1			
2			
3			
4			
5			
6			
7			
8			

3. 根据诊断程序的指引，对故障原因进行最终判定

四、技术要求和标准

按照维修手册和诊断程序的要求执行。

五、实训注意事项

①操作时提高防火意识，灭火器放置在随手触及的地方；
②按照规定佩戴保护手套；
③不可佩戴首饰、手表、操作，女生须将长头发盘起；
④不可对接插器进行随意频繁拆装（每组不超过三次），以保持车辆耐久性；
⑤着工装、防护鞋进入实训室；
⑥保护 MOST 总线线束，千万不可弯折、拉拽；
⑦保护 MOST 总线线束接插器，千万不可污损、暴力插拔。

【任务评价反馈】

项目三任务三		MOST 总线系统原理分析				
学生基本信息		姓名	学号		班级	
		组别	时间		成绩	
能力要求		具体内涵		评分标准	分值	得分
专业能力	装载车载自动诊断系统插头、执行故障诊断程序	a. 遵照标准的维修流程工序		15	70	
		b. 使用正确的设备和专用工具		15		
		c. 没有产生额外的故障		10		
		d. 正确执行完成诊断程序		20		
		e. 现场 6S 管理		10		
社会能力	团队合作	是否有效协作		5	15	
	劳动纪律	是否遵守		5		
	沟通讨论	是否积极和有效		5		
方法能力	制订计划	是否科学合理		5	15	
	决策实施	是否科学合理且无明显漏洞和隐患		5		
	总结和再学习	是否总结准确和有明显的学习行为		5		
下一步改进措施						
考核教师签字		结 果 评 价			总成绩	

【知识拓展】

虽然诊断管理器给出的诊断信息有助于判断故障的性质和故障位置，但要最终确定故障并实施维修，还有以下几点需要审慎处理：

①根据检测结果，先检测可疑控制单元的供电情况是否正常、搭铁情况是否正常。

②如果可疑控制单元的供电情况、搭铁情况均正常，再检查光导纤维插头是否歪斜、松动，确保光导纤维插头连接正常。

③检查光导纤维是否出现中断情况，如光导纤维断裂、破损、被压坏等。

④最后再判断控制单元是否存在故障。这里推荐利用专用设备 VAS 6186（以奥迪品牌为例）来替换可疑控制单元，如图 3-18 所示，然后观察 MOST 总线系统是否恢复正常。若替换后系统恢复正常，则可确认故障确为可疑控制单元损坏所致。

图 3-18 奥迪专用设备 VAS 6168

【赛证习题】

一、填空题

1. MOST 总线系统有三种模式：分别是_____、_____、_____。

思政园地：曹冲称象

2. MOST 总线系统管理器以_____ kHz 的脉冲频率向环形总线上的下一个控制单元发送信息帧。

3. 当光纤弯曲或弯折过度时就会造成光波传输的衰减，甚至失真；为此，MOST 总线系统要求光纤的弯曲半径不可小于_____ mm。

4. 光信号的传输类似于电信号的传输，发光二极管将收发机送来的数字信号转化为_____信号（如数字信号为 010101，转化成光信号为亮-灭-亮-灭-亮-灭）。这些光信号通过光纤传到下一个控制单元后，由该控制单元内部的光电二极管将光信号重新将_____信号转化为_____信号。

二、判断题

（　）1. 光纤纤芯都是采用有机玻璃制造的。

（　）2. 蓄电池管理器可以经网关切换 MOST 总线系统到休眠状态。

（　）3. 一个 MOST 信息帧的大小为 64 个字节。

（　）4. 一个信息组中大约有 16 个信息帧。

任务四
维修 MOST 总线系统

【任务目标】

1. 知识目标

（1）了解 MOST 总线系统自诊断知识；

（2）了解 MOST 总线系统光纤传输信号的信号衰减原理；

（3）了解进行故障诊断的流程和注意事项。

重点和难点：

（1）MOST 总线系统自诊断知识；

（2）光纤修复的方法。

微课　项目三任务 4

2. 技能目标

（1）能够对 MOST 总线系统进行常规检查；

（2）能完整进行 MOST 总线系统诊断；

（3）能够排除 MOST 总线系统故障；

（4）能够进行 MOST 总线系统线束修复。

3. 思政目标

使学生意识到遵循事物客观规律的必要性。

【任务导入】

　　一辆 2009 年生产的奥迪 A6L 轿车，行驶里程 12.8 万 km，车主反映该车的 CD 音响不能工作。

　　原因分析：经检查，该车 CD 设备确实不工作，伴随电话机、导航屏播放视频、车载 TV 等多个系统不能正常运行。初步分析是通信故障所致。该车采用的是 MOST 总线系统，需要对 MOST 总线系统进行完整诊断并排除故障。

【任务分析】

一、MOST 总线的故障诊断

1. 诊断管理器

除系统管理器外，MOST 总线还有一个诊断管理器。该管理器执行环型中断诊断，并将 MOST 总线上的控制单元诊断数据传给诊断控制单元。在奥迪 2009 款 A8 车上，数据总线诊断接口 J533 执行自诊断功能。

2. 环形线路中断故障

如果数据传递在 MOST 总线上的某位置处中断，系统就无法完成正常的数据传递任务。由于 MOST 总线是环形结构，因此称为环形中断。发生环形中断后，音频和视频播放就会终止，通过多媒体操纵单元无法控制和调节影音娱乐系统。同时，诊断管理器的故障存储器中存有故障信息——"光纤数据总线断路"。

发生环形中断的原因如下：

①光纤断路；

②发射器或接收器控制单元的供电有故障；

③发射器或接收器控制单元损坏。

要想确定出现环形中断的具体位置，就必须进行环形中断诊断。环形中断诊断是管理器执行元件诊断内容的一部分。

诊断管理器会在诊断导线上执行发送询问脉冲，MOST 总线上的控制单元在一定时间内会应答，这个时间的长短由控制单元软件来确定。环形中断诊断开始后到控制单元做出应答有一段时间间隔，诊断管理器根据这段时间的长短就可判断出哪一个控制单元已经做出了应答。

环形中断诊断开始后，MOST 总线上的控制单元发送以下两种信息：

①控制单元电气方面正常，也就是说本控制单元的电控功能正常，如供电情况。

②控制单元光学方面正常，也就是说本控制单元的发光二极管接收到环形总线上位于其前面的控制单元发出的光信号。

诊断管理器通过以上这两种信息就可识别以下问题：

①系统是否有电气故障（供电故障）以及是哪个控制单元出现了电气故障。

②哪两个控制单元之间的光导数据传递中断了。

这样，就可以准确地判断出环型中断的具体故障性质和位置，给 MOST 总线系统的诊断和维修带来了极大便利。

二、光纤的信号衰减

光纤状态的评定包括测量它的衰减度。传送过程中发生的光波功率下降称为衰减。光纤内光脉冲的发生距离越大，衰减就越大，衰减量不能超过某个规定值，否则相应控制单元内的接收机将无法再处理这个光脉冲。衰减常数并不是一个绝对值，而是一个可变的比值。衰减常数越高，信号传送就越差。光脉冲的衰减有两种基本形式，即自然衰减和故障衰减。自然衰减是由光脉冲从发射机至接收机经过的距离产生的，故障衰减是由于光脉冲传输区域有缺陷而产生的。

1. 光纤故障性信号衰减的主要原因

光纤故障性信号衰减的主要原因如图 3 – 19 所示。

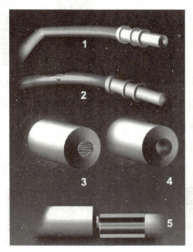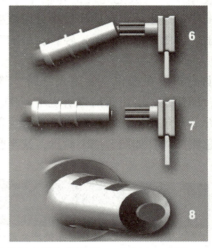

图 3 – 19　导致光波传输系统信号衰减幅度增大的原因（对应下文序号）

①光纤的曲率半径过小（如果光纤弯曲的半径小于 25 mm，那么在纤芯的拐点处就会产生模糊、不透明，这时必须更换光纤）；

②光纤的包层损坏；

③光纤端面刮伤；

④光纤端面脏污；

⑤光纤端面错位（插头壳体碎裂）；

⑥光纤端面未对正（角度不对）；

⑦光纤的端面与控制单元的接触面之间有空隙（插头壳体碎裂或未能锁止定位）；

⑧光纤端套变形。

2. 线路信号衰减故障诊断方法

MOST 总线系统环形中断诊断只能用于判定数据传输是否中断。诊断管理器还有信号线路衰减的诊断功能，即通过监测 MOST 总线系统传输光波功率的降低来判断光学系统的信号传输过程中是否存在信号衰减幅度过大的故障。

信号线路衰减的诊断与环形中断诊断的方法和过程是类似的，也要使用诊断管理器和诊断导线。其判别标准是：如果控制单元接收到的光波功率较前一个控制单元发出的光波功率有 3 dB 及以上的衰减，则接收器就会向诊断管理器报告发生了"光学故障"。借此，诊断管理器就可识别出故障点，并且在用检测仪查询故障时会得到相应的帮助信息。

3. 操作光纤的注意事项

操作带有光纤的汽车线束时需要特别小心、谨慎。与普通铜芯电线不同，光纤受损后一般不会立即导致故障，而是在日后使用中逐渐显现出来。

为确保光纤的信号衰减幅度不致过大，在使用中需要特别注意以下事项：

（1）弯曲半径不宜过小。玻璃光纤的曲率半径不可小于50 mm，塑料光纤的弯曲半径不可小于25 mm。为稳妥起见，在实际使用中，一般把光纤的弯曲半径控制在50 mm以上。若弯曲半径过小，则在曲率过小处光线射出，光束不能再正确反射，如图3-20所示，轻者会影响其功能，重者会损坏光纤。

图3-20　在曲率过小处光线射出，光束不能再正确反射

（2）不许弯折。在操作、使用光纤时，绝对不允许对其进行弯折，即使是一度短暂的弯折也不允许。因为这样会损坏光纤的纤芯和包层，光线将在弯折处产生部分散射，造成信号衰减急剧加大，如图3-21所示，甚至会损坏光纤。

图3-21　光线在弯折处产生部分散射，造成信号衰减急剧加大

（3）不准挤压。任何情况下都不得挤压光纤。因为光纤横断面会由于压力作用而变形，导致信号衰减加大，如图3-22所示。在装配线束时无意的踩踏以及将线束捆扎带勒得过紧，都会导致光纤受压变形，必须予以高度重视。

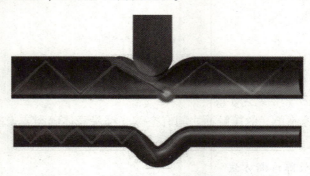

图3-22　光纤受压变形，导致信号衰减加大

（4）严禁摩擦、磨损。与普通铜质导线不同，光纤的磨损不会导致短路，但磨损处会导致光信号损失或外来光线射入，系统被干扰或完全失灵，如图3-23所示。因此，在车上安装、布置带有光纤的线束时，要特别注意避免产生摩擦、磨损，尤其是线束穿越车身孔、壁处时，需要妥善处理。

（5）严禁拉伸。过度的拉伸会使光纤产生"颈缩"，纤芯的横断面减小，光通过量减小，影响光波的正常传输，如图3-24所示。因此，在布置光纤线束时，应留有一定的长度余量，不可使之受拉力作用。

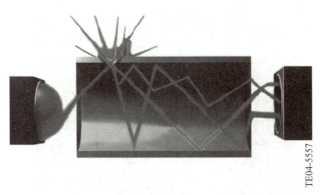

图 3 – 23　光纤磨损处光线遗失，外来干扰光线侵入

图 3 – 24　拉伸后的光纤"颈缩"现象

（6）严禁过热。光纤过热一般不会立即导致故障，但在日后使用中，其性能会逐渐劣化，直至损坏。因此，在布置光纤线束时，应远离发动机机体、散热器、空调暖风、驻车加热装置、变速器等热源。再者，如需在车上进行油漆烘干或焊接作业时，温度不允许超过85 ℃。必要时，可先拆下光纤，再实施上述作业项目。

（7）严禁浸水。尽管光纤本身具有防水保护层，并不怕水，但光纤的接头铜套不能涉水。光纤的接头铜套一旦浸水，会导致光波传输出现故障。因此，在日常洗车以及涉水行车时均需特别注意。

（8）光纤端面不得有污染和损伤。光纤端面出现污染（有汗迹、油迹的指纹）和损伤（刮花）都会造成光波信号衰减幅度增大，甚至失灵，如图 3 – 25 所示。因此，在维修光纤时，需要使用专用工具，以保证光纤端面平整、光洁。

（a）　　　　　　　　　　　　　　　　　（b）

图 3 – 25　光纤端面损伤，无法正常传输光波
(a) 端面污染导致信号衰减；(b) 端面污染导致信号中断

（9）光纤的正确铺装。在车上铺装光纤时，应该采取特别的防护措施，如采用硬度适宜的波纹管包扎光纤。此举既可以为光纤提供外力作用的保护，还可以有效防止光纤被过度弯折，以保证最小 25 mm 的弯曲半径，如图 3 – 26 所示。

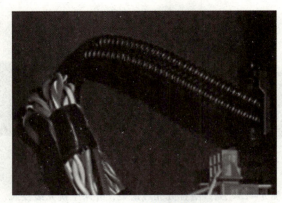

图 3 – 26　波纹管包裹光纤

【任务实施】

一、实训前准备

1. 实训场地及设备工具准备

场地：5 个工位，5 辆车，每辆车设置 2 个故障，1 个供电故障、1 个线束故障。

设备：适配车型的维修手册、电路图。

常用工具：120 件套、改锥套件、各类钳具、手电。

专用工具：VAS 6168（MOST 替代模块）、VAS 6223A（光缆修理装置）。

耗材：车辆防护用品、人员防护用品（含手套）、清洁工具。

2. 学生组织

分 5 组，每组 6 人，每组操作时间为 60 min（累计）。

二、实训安排

1. 准备

①安全注意事项及纪律要求；

②对车辆充电、对车辆性能提供保障；

③准备维修手册。

2. 讲解与示范（30 min）

①安全注意事项及纪律要求；

②拆装步骤、要求及注意事项；

③团队配合与协作关系的保持；

④进行故障验证和常规检查的方法；

⑤利用诊断仪器执行诊断程序；

⑥利用专用工具修理光纤。

3. 分组练习与工位轮换（60 min）

①学员分为 5 组，每组 6 人，一人为组长兼任安全员；

②查阅手册确定实训车辆的总线系统故障诊断方案；

③分工进行故障验证、常规检查、程序诊断、故障排除（含光纤修理）；

④做好实施过程记录和成果记录。

4. 考核（20 min）

①以组为单位考核，检验车辆修复情况，读取故障码确定故障是否被排除；

②抽查学生操作步骤的工作思路。

5. 答疑及总结（10 min）

教师答复学员所提出的相关疑问；若学员无疑问，则进行本次实操点评，涉及知识点薄弱处回顾、操作错误讲解、指出协作问题、指出 6S 问题。

三、完成任务工单

实训　维修 MOST 总线系统

学号：＿＿＿＿＿＿＿＿　姓名：＿＿＿＿＿＿＿＿＿　日期：＿＿＿＿＿＿＿＿＿

1. 填写车辆信息和排故前的诊断信息

序号	项目	结论
1	车辆信息	
2	故障代码和描述	
3	故障现象	
4	故障验证结果	
5	常规检查结果	

2. 填写故障诊断程序的执行步骤

序号	步骤描述	注意事项
1		
2		
3		
4		
5		
6		
7		
8		
9		
10		

项目三 车载网络 MOST 总线系统

137

3. 根据故障诊断程序结论，填写车辆修理计划（以事项为单位）

序号	计划描述	注意事项
1		
2		
3		
4		
5		
6		
7		
8		

4. 写出线束修理的具体步骤

序号	步骤描述	注意事项
1		
2		
3		
4		
5		
6		
7		
8		

四、技术要求和标准

①践行 6S 标准；
②按照维修手册的要求执行附件的拆装；
③按照维修手册标准执行诊断和修理；
④任务结束后不得出现故障码。

五、实训注意事项

①操作时提高防火意识，灭火器放置在可随手触及的地方；
②按照规定佩戴手套保护；
③不可佩戴首饰、手表操作，女生将长头发盘起；
④不可对车辆螺杆、螺母、接插器进行随意频繁拆装（每组不超过 2 次），以保持车辆耐久性；
⑤着工装、防护鞋进入实训室；

⑥保护 MOST 总线线束，千万不可弯折、拉拽；

⑦保护 MOST 总线线束接插器，千万不可污损、暴力插拔。

【任务评价反馈】

项目三任务四		维修 MOST 总线系统					
学生基本信息	姓名		学号		班级		
	组别		时间		成绩		
能力要求		具体内涵			评分标准	分值	得分
专业能力	拆装附件，查找模组位置，拆装插接器，读取故障码	a. 遵照标准的维修流程和正确的拆装工序 b. 使用正确的工具 c. 没有产生额外的故障 d. 正确执行诊断程序 e. 正确完成线束修复 f. 现场 6S 管理			10 10 10 15 15 10	70	
社会能力	团队合作	是否有效协作			5		
	劳动纪律	是否遵守			5	15	
	沟通讨论	是否积极和有效			5		
方法能力	计划制定	是否科学合理			5		
	决策实施	是否科学合理且无明显漏洞和隐患			5	15	
	总结和再学习	是否总结准确和有明显的学习行为			5		
下一步改进措施							
考核教师签字		结 果 评 价					总成绩

【知识拓展】

在光学总线系统中，作为光波的传输介质，光导纤维的作用是在发送控制单元和接收控制单元之间无损失地、可靠地传输光波。但实际上，光波在各个控制单元之间进行"接力"的传输过程中，不可避免地会存在一定的损失，只要光波的损失量不大、不足以导致信号失真就是可以接受的。

为了表征光波在传输过程中的损失程度，引入了光波信号衰减这一概念。如果在传输过

程中，由于历经多次转发，光波的功率降低了，就称之为发生了光波信号衰减。

光波信号的衰减程度用衰减常数来表示，其单位为分贝（dB）。

衰减常数的定义为：衰减常数（A）＝10 lg［（光波发射源发射的光波功率）／（光波接收器接收到的光波功率）］。如果光波发射源发射的光波功率为 20 W，而光波接收器接收到的光波功率为 10 W，则在这一转发过程中，光波衰减常数为：

$$A = 10 \lg (20/10) \approx 3 \ (\text{dB})$$

也就是说，对于衰减常数为 3 dB 的光波传输系统而言，光波信号会衰减一半。由此可知，衰减常数越大，光波的损失量就越大，光波信号的传输效果就越差。

在光学总线系统中，一般将 3 dB 作为光波传输系统衰减常数的极限值，超出极限值即认为光波传输系统的信号衰减幅度过大，必须予以维修和更换。

一般情况下，发射单元经发射插头发出光波的 A 值 ＝0.5 dB，光纤的 A 值 ＝0.6 dB，接收单元经接收插头收到光波的 A 值 ＝0.4 dB。

【赛证习题】

一、填空题

1. 除系统管理器外，MOST 总线还有一个_____管理器。

2. 发生环形中断后，音频和视频播放就会_____，通过多媒体操纵单元无法控制和调节影音娱乐系统。

思政园地：唯物辩证法

3. 光脉冲的衰减有两种基本形式，即_____衰减和_____衰减。

二、判断题

（   ）1. 自然衰减是由光脉冲从发射机至接收机经过的距离产生的。

（   ）2. 光纤受损后一般不会立即导致故障，而是在日后使用中逐渐显现出来。

三、简答题

1. 请简要描述发生环形中断的原因。

2. 光纤出现什么情况时，我们需要更换或修复光纤？

3. 使用或操作光纤时的注意事项有哪些？

项目四
典型汽车车载网络系统故障诊断

  对车载网络系统故障的数据采集是进行故障分析的基础，是建立故障树分析法研究故障率的第一步工作任务，也是确定故障原因的重要基础。只有对车载网络系统进行准确、真实、翔实、大量、深入、系统的故障分析，才能找出产生故障的所有原因，通过修理或者更改等后期补救措施，恢复车载网络系统的正常性能。

  当车载网络系统出现故障后，故障码会自动存储在车载网络的网关内，利用汽车检测仪器可以读出相关的故障记忆，以便于快速、准确地查找故障并进行维修。因此，熟练运用车载网路系统故障诊断工具，对于车载网络系统的故障诊断与维修很关键。

  车载网络系统是车辆非常重要的一个系统组成，它能够实现各个控制系统之间的数据共享和快速传输。不同车系汽车的车载网络系统有一定差异，因此了解和熟悉不同车型、不同车系的车载网络系统的结构组成、工作原理以及检修方法非常有必要。

任务一

诊断车载网络系统的故障

【任务目标】

1. 知识目标

（1）了解常用检测仪器的类别和特点；

（2）掌握常用检测仪器的使用方法；

（3）熟悉不同车系专用检测仪的使用方法；

（4）掌握通用检测仪的使用方法。

重点和难点：

（1）不同车系专用检测仪对不同车载网络的诊断；

（2）不同车型维修手册和电路图查找和拆解。

2. 技能目标

（1）能熟练查阅维修手册和电路图并且拆画电路图；

（2）能熟练使用常用工具和诊断仪对网络系统进行测量和波形分析；

（3）能正确判断车载网络系统的正常工作状态。

3. 思政目标

（1）培养学生学以致用，动手实践的能力；

（2）通过学生小组合作探究，培养学生的团队合作意识；

（3）培养学生的规范意识和严谨认真的职业精神。

【任务导入】

故障现象：一辆 2019 款比亚迪 e5 纯电动汽车，配备 60 Ah 容量的镍钴锰酸锂电池，工作电压为 394.2 V，永磁同步交流电机最大功率为 160 kW。在起动时 OK 灯不亮，车辆无法正常行驶。

原因分析：根据现象，维修人员通过故障诊断仪读码显示：网关存在"动力网通信故障"。初步怀疑是由汽车动力网故障引起的。故需要对网络系统故障逐一进行检修。

【任务分析】

在检修之前，需掌握相关检测工具和设备的使用，在此基础上，才能按照思路进行检测和诊断故障。

一、车载网络系统常用检测仪器

（一）万用表

1. 万用表的基本功能

万用表是万用电表的简称，是一种最常用的电工测量仪表，它功能齐全，能测量电流、电压、电阻等多种电量和电参数，并且量程多、使用简单、携带方便，因此在汽车电器、电控系统的故障诊断、维修和调试中得到了广泛使用。通常万用表可以用来测直流电压、直流电流、交流电压和电阻。有的万用表还可以用来测量交流电流、电感、电容、音频电压、晶体管放大倍数等参数，它由表头、测量电路、测量项目和量程选择开关四大部分组成。可分为指针式和数字式两种。

2. 数字式多功能汽车万用表

数字式多功能汽车万用表（图4-1和图4-2）除具有一般万用表的通断性、电压、电流、电阻测试功能之外，还具有信号频率测量、发动机转速测量、脉宽测量、温度测量、占空比测量等汽车电路检测的实用功能，是汽车电工必备的得力工具。

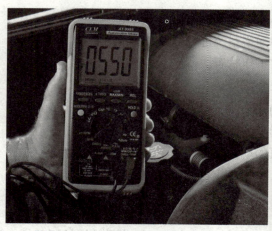

图4-1 AT-950B多功能汽车万用表

图4-2 K616多功能汽车万用表

3. 万用表的使用

使用万用表进行电路检测时，必须遵守以下基本原则：

检测电压时必须并联万用表，万用表黑表笔接地（搭铁），万用表红表笔接正极；检测电流时必须串联万用表；检测电阻、二极管时必须在断路状态下进行，不得带电测试；测试时应根据测试项目及数据大小选择适当的挡位、量程及表笔插孔；交流电压电流和直流电压电流必须——对应。

（二）示波器

1. 示波器的基本功能

示波器（Oscilloscope）是一种用途十分广泛的电子测量仪器。它能把人的肉眼看不见的电信号变换成看得见的图像，便于人们研究各种电现象的变化过程。示波器将狭窄的、由高速电子组成的电子束，打在涂有荧光物质的屏幕上，就可产生细小的光点。在被测信号的作用下，电子束就像一支笔的笔尖，可以在屏幕上描绘出被测信号瞬时值的变化曲线。

利用示波器能观察各种不同信号幅度随时间变化的波形曲线，还可以用它测试各种不同的电量，如电压、电流、频率、相位差、幅值等。

汽车示波器不仅可以快速捕捉电信号，还可以记录信号波形，显示电信号的动态波形，便于一边观察一边分析。

无论是高速信号（如喷油器、间歇性故障信号）还是低速信号（如节气门位置变化及氧传感器信号），用汽车示波器都可得到真实的波形曲线，如同医生给患者做心电图一样。

2. 多通道通用示波器

在汽车网络系统的故障诊断、检测中，既可以采用多通道通用示波器（图4-3～图4-6）对总线波形进行分析，也可以使用具有示波器功能的汽车专用检测仪（图4-7）对总线波形进行分析。

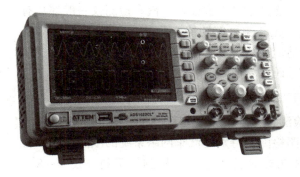

图4-3 安泰信 ADS1022CL + 双通道示波器

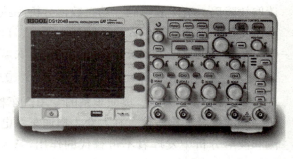

图4-4 RIGOL DS1204B 四通道示波器

图4-5 Protek 6502A 型双通道示波器 （20 MHz）

图4-6 Fluke 190 Series II型便携式四通道示波器

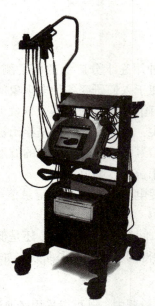

图 4 – 7   VAS 5051 汽车检测仪总成

（三）汽车检测仪

汽车检测仪是现代汽车故障诊断、检测和维修必不可少的设备。汽车检测仪一般都具有读取故障码、清除故障码、动态数据分析和执行元件测试等功能。此外，还对特定的车系/车型支持专业功能，如提供系统基本调整、自适应匹配（含防盗控制单元及钥匙匹配）、编码、单独通道数据、登录系统、传送汽车底盘号码等专业功能。

1. 大众汽车集团专用汽车检测仪 VAS 5051

VAS 5051 是大众、奥迪车系的专用汽车检测仪，是一个集车辆诊断、检测、信息系统于一体的综合式检测仪，在大众、奥迪车系电路检测，特别是汽车网络系统的故障诊断、检测和波形分析中发挥着不可替代的作用。VAS 5051 实际上是一个检测仪系列（图 4 – 8 ~图 4 – 11），可以用于捷达、宝来、迈腾、速腾、高尔夫、奥迪、桑塔纳、高尔、帕萨特、波罗以及红旗等车型的汽车网络系统的故障诊断与检测。

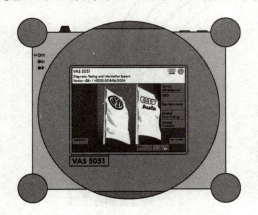

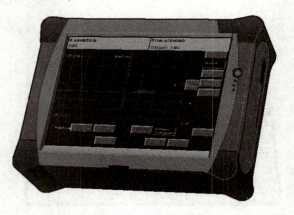

图 4 – 8   VAS 5051 汽车检测仪   图 4 – 9   VAS 5051B 汽车检测仪

图 4 - 10　VAS 5052 汽车检测仪

图 4 - 11　VAS 5053 汽车检测仪

VAS 505X 作为 VAS 5051 和 VAS 5052 的更新换代产品，包含了原有功能，加装专业的以太网网卡和相应软件之后，如图 4 - 12 所示，还可以与互联网连接，实现远程遥控诊断。

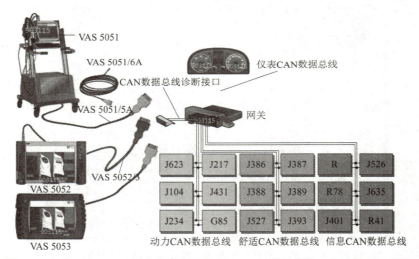

图 4 - 12　VAS 505X 系列汽车检测仪通过 CAN 总线诊断接口与汽车进行通信

2. 宝马汽车集团专用汽车检测仪 GT1

宝马（BMW）车系所使用的车辆检测设备叫作综合测试仪 GT1（图 4 - 13），是一种功能强大的汽车检测设备。

GT1 不仅具有 DIS（诊断和信息系统）功能，同时，还提供 TIS（技术信息系统）和 WDS（电路图系统）功能。在实际的修车过程中，绝大部分故障都可以通过 GT1 得到解决。GT1 采用触摸屏技术（图 4 - 14），操作简单，且具有强大的联网功能，可以通过有线或者无线的方式与被检测车辆及宝马售后服务支持系统实现联网。GT1 的联网功能如图 4 - 15 ～ 图 4 - 17 所示。

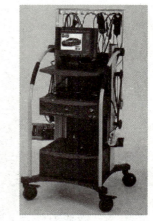

图 4 - 13　宝马车系综合测试仪 GT1

项目四　典型汽车车载网络系统故障诊断

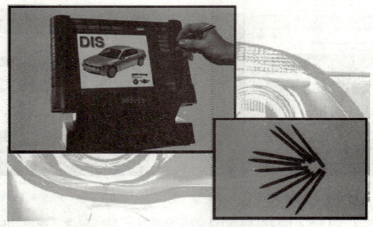

图 4 – 14 采用触摸屏技术的操作面板

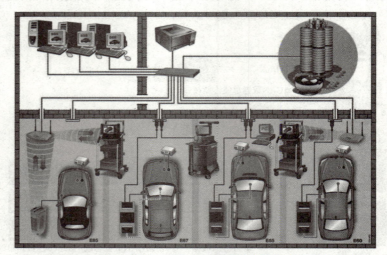

图 4 – 15 GT1 与被检测车辆及宝马售后技术服务支持系统的联网

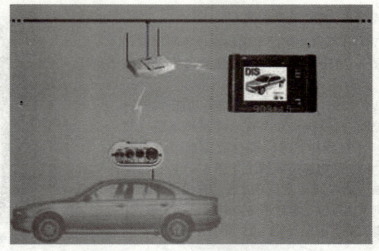

图 4 – 16 GT1 与被检测车辆及宝马售后技术服务支持系统的无线联网

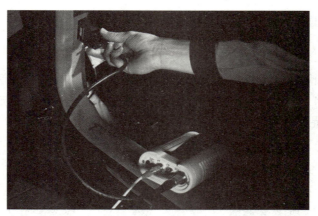

图 4 – 17　GT1 与被检测车辆检测诊断接口的连接

3. 其他公司专业汽车检测仪

其他车型的原厂汽车检测仪是汽车制造公司为自己生产的汽车而专门设计制造的，一般只在特约维修站（4S 店）配备，如丰田车系用智能检测仪 IT – Ⅱ（Intelligent Tester – Ⅱ）（图 4 – 18）；日产车系用检测仪 CONSULT – Ⅱ（图 4 – 19）；本田车系用检测仪 MTS3100；奔驰车系用检测仪 STAR2000（图 4 – 20）等。

图 4 – 18　丰田车系用智能检测仪 IT – Ⅱ

图 4 – 19　日产车系用检测仪 CONSULT – Ⅱ

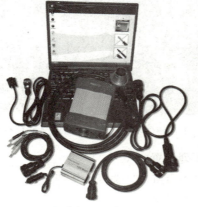

图 4 – 20　奔驰车系用检测仪 STAR2000

二、VAS 5051 检测仪的使用与波形分析

1. 系统启动

启动 VAS 5051 检测仪，通过单击启动屏幕中的"车辆自诊断"按钮，进入"测量和信息系统"界面（图 4-21）。然后连接测量导线，进入数字存储式示波器（Digital Storage Oscilloscope，DSO）界面。

图 4-21　VAS 5051 检测仪的"测量和信息系统"界面

进入 DSO 界面（图 4-22）后，就可以进行参数设置、波形测量和读取测量结果了。在 DSO 屏幕上可以同时显示 3 个测量曲线。为了能更好地对不同测量曲线加以区别，其按键标识、参数和所显示的测量曲线均以不同颜色标出：通道 A—黄色；通道 B—绿色；预置测量—蓝色。

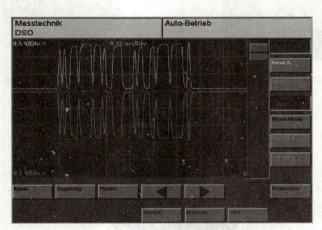

图 4-22　DSO 界面（无故障的 CAN 总线波形）

在 DSO 屏幕上可以进行下列设置：
①通过按钮"通道 A"和"通道 B"选择测量通道。
②通过按钮"测量模式"选择测量模式。
③通过箭头设置时间范围。

在无故障的 CAN 总线波形中可以看到，CAN – H（黄色）和 CAN – L（绿色）的脉冲始终沿着相反的方向变化。在分析 CAN – H 和 CAN – L 波形时，应首先查找其隐性电位。在没有信息传输时，CAN – H 和 CAN – L 脉冲都停留在隐性电位。当 CAN 总线上有信息传输时，CAN – H 脉冲由其隐性电位沿电压轴正向成像，而 CAN – L 脉冲则由其隐性电位沿电压轴负向成像。

在进行电压波形分析时要注意，示波器显示的电压波形可能与其实际值存在一定的误差（误差最大不超过 10%）。

2. 适配器的使用

就车检测总线系统时，一定要用适配器。VAG 1598/30（图 4 – 23）适用于检测动力CAN 总线波形，VAG 1598/11（图 4 –24）适用于检测舒适和信息 CAN 总线波形。

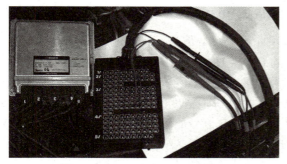

图 4 – 23　VAG 1598/30 适用于检测动力 CAN 总线波形

图 4 – 24　VAG1 598/11 适用于检测舒适和信息 CAN 总线波形

1）双通道工作模式下 DSO 的连线

如图 4 – 25 所示，两根 CAN 总线导线中的每一根导线都通过一个通道进行测量。通过对 DSO 实测电压波形进行分析，可以很容易地发现故障。测量时，将通道 A 的红色测量导线连接 CAN – H 导线，黑色测量导线接地（搭铁）；通道 B 的红色测量导线连接 CAN – L 导线，黑色测量导线接地（搭铁）。

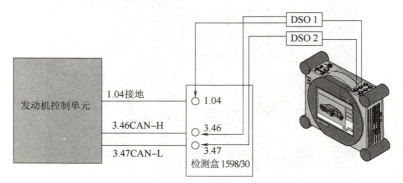

图 4 – 25　双通道工作模式下 DSO 的连线

2）DSO 的设置

双通道检测 CAN 总线电压波形时，DSO 的设置如图 4 – 26 所示。

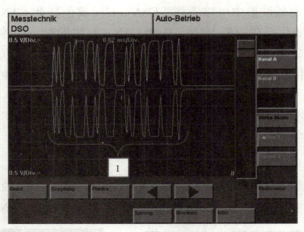

图 4 - 26 DSO 的设置 (双通道检测 CAN 总线电压)

用通道 A 测量 CAN - H 信号, 用通道 B 测量 CAN - L 信号。将通道 A 和通道 B 坐标位置于等高。在图 4 - 26 中, 黄色 (软件中) 的CAN - H 信号零标记已被绿色的CAN - L 信号零标记覆盖, 即 CAN - H 信号和 CAN - L 信号的零点已经重合。经验证明, 在同一零坐标下对电压值进行分析更为简洁方便。通道 A、B 的电压轴精度的设定为每个单元格 0.5 V; CAN - H 的信号触发点宜设定在 2.5 ~ 3.5 V, CAN - L 信号的触发点宜设定在 1.5 ~ 2.5 V。时间轴精度应尽可能选择高一些, 以利于发现电压波形短暂、细微的变化, 一般设置为每个单元格 0.02 ms; 上图中的曲线 1 即为一条 CAN 总线信息的具体的电压波形。

3. 电压值的应用

在 CAN 总线系统中, 信息传送被通过的两个逻辑状态 0 和 1 来实现。每个逻辑状态都对应于相应的电压值, 如图 4 - 27 所示。控制单元应用其电压差值来获取数据。

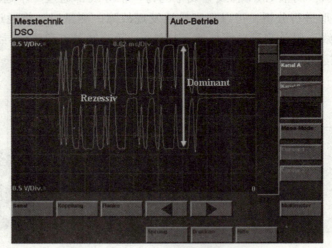

图 4 - 27 总线波形显示的电压值

通道 B 的绿色零标记覆盖了通道 A 的黄色零标记。CAN - H 信号的隐性电压大概是 2.6 V, CAN - H 信号的显性电压大概是 3.5 V, CAN - L 信号的隐性电压大概是 2.4 V, CAN - L 信号的显性电压大概是 1.2 V。

4. 单通道检测动力 CAN 总线

利用 DSO 的单通道对 CAN 总线的电压波形进行检测时，将 DSO 的红色测量导线连接 CAN – H 导线，黑色测量导线连接 CAN – L 导线，如图 4 – 28 所示。

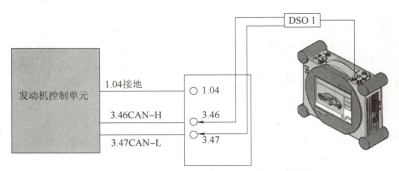

图 4 – 28　DSO 单通道工作模式下的线路连接

当两个 CAN 信号用一个 DSO 通道进行检测时，DSO 屏幕上显示的是 CAN – H 信号和 CAN – L 信号的电压差。这种检测方式在故障查询方面不如双通道的检测方式方便。比如，在 CAN 总线导线短路的故障状态下，利用单通道检测模式分析是不可行的。

DSO 的设置和电压分析如图 4 – 29 所示。其中电压精度设置为每个单元格 0.5 V，时间轴精度设置为每个单元格 0.01 ms，在单通道工作模式下进行检测，零线位置可设定在隐性电位上。

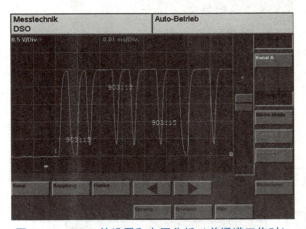

图 4 – 29　DSO 的设置和电压分析（单通道工作时）

5. 在双通道模式下检测舒适和信息 CAN 总线

在双通道工作模式下检测时 DSO 的连接如图 4 – 30 所示，两条 CAN 总线每一条导线都通过一个通道进行检测，通过对总线波形的分析可以很容易发现故障。由于需要单一的电压测量值，舒适 CAN 总线和信息 CAN 总线采用双通道检测时必要的。舒适 CAN 总线和信息娱乐 CAN 总线采用该形式的连接可以非常方便地判断总线是否处于"单线工作"状态。

DSO 的设置如图 4 – 31 所示。通道 A 和通道 B 零坐标线等高，通道 A 显示 CAN – H 信号，通道 A 电压轴精度设为每个单元格 2 V，通道 B 显示 CAN – L 信号，通道 B 电压轴精度也设定为每个单元格 2 V；时间轴精度一般设定为每个单元格 0.02 ms，在舒适和信息娱乐 CAN 总线中，CAN – L 信号的隐性电平高于 CAN – H 信号的隐性电平，而 CAN – H 信号的显性电平高于

CAN - L 信号的显性电平。为了便于分析，建议将两条零线分开，如图 4 - 32 所示。

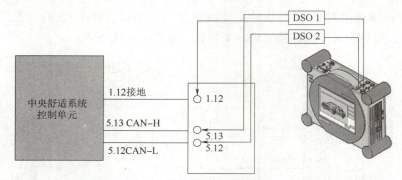

图 4 - 30   检测舒适和信息 CAN 总线时 DSO 的连接（在双通道工作模式下）

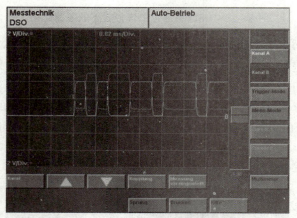

图 4 - 31   在双通道工作模式下检测舒适和信息 CAN 总线时 DSO 的设置

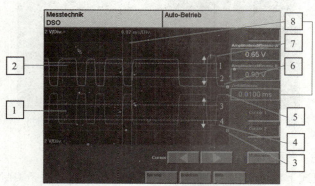

1—通道 B 的显示区域；2—通道 A 的显示区域；3—通道 B 的零线；

4—CAN - L 信号的显性电压向下没有达到零线坐标；5—CAN - L 信号的隐性电压；

6—通道 A 的零线坐标和 CAN - H 信号的隐性电压；7—CAN - H 信号的显性电压；8—1 bit 的显示

图 4 - 32   在双通道工作模式下检测舒适和信息 CAN 总线时的电压分析

在舒适和信息 CAN 总线中，其信号电压必须达到规定的区域，才能正确传输信息。在
DSO 屏幕上用蓝线给出电压阈值（如 CAN - H 信号的显性电压至少要达到 3.6 V），如果未
达到要求，控制单元将不能准确地判定信号电压逻辑值为 0 还是 1，这将导致出现故障存储

或者总线转入单线工作状态。在双通道工作模式下检测舒适和信息 CAN 总线时的电压计算见表 4-1。

表 4-1　在双通道工作模式下检测舒适和信息 CAN 总线时的电压计算

电压	$U_{(CAN-H对地)}/V$	$U_{(CAN-L对地)}/V$	电压差/V
显性电压	4	1	3
隐性电压	0	5	-5

6. 在单通道模式下检测舒适 CAN 总线

舒适 CAN 的电压可以用 DSO 直接检测。进行总线诊断时，采用双通道模式进行电压检测更为适合，在单通道模式下检测舒适 CAN 总线主要用于快速判断总线是否处于激活状态。

DSO 的连接如图 4-33 所示，当用单通道的 DSO 对两个 CAN 信号进行检测时，DSO 屏幕上显示的是两个 CAN 信号的电压差值，即 CAN-H 信号与 CAN-L 信号的电压差值。

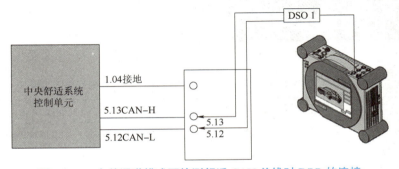

图 4-33　在单通道模式下检测舒适 CAN 总线时 DSO 的连接

当用单通道的 DSO 对两个 CAN 信号进行检测时，DSO 屏幕上显示的是两个 CAN 信号的电压差值，即 CAN-H 信号与 CAN-L 信号的电压差值，如图 4-34 所示。一般通道 A 电压轴精度设定为每个单元格 2 V，时间精度每个单元格 0.02 ms；显性电压高于零线，隐性电压低于零线；对电压差进行检测时，信号的隐性电压值为 -5 V，显性电压值为 3 V。

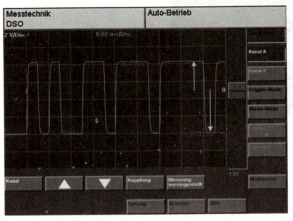

图 4-34　在单通道模式下检测舒适 CAN 总线时 DSO 的设定和电压分析

三、CAN 总线故障波形分析

当故障存储记录中出现"CAN 总线故障"时，可以使用故障诊断仪进行波形分析，进一步确认故障点的位置，进而更有效地分析引发故障的原因。下面列举一些常见故障的波形。

（一）CAN – H 断路

CAN – H 断路及断路时信号电压变化分别如图 4 – 35 和表 4 – 2 所示。

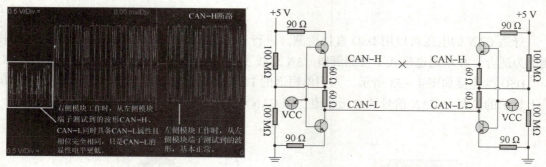

图 4 – 35　CAN – H 断路

表 4 – 2　CAN – H 断路时 CAN – H 信号与 CAN – L 信号电压变化

线路	左侧控制模块端信号变化/V	右侧控制模块端信号变化/V
CAN – H	2.5→3.95	2.5→1.48
CAN – L	2.5→1.22	2.5→1.22

（二）CAN – L 断路

CAN – L 断路及断路时信号电压变化分别如图 4 – 36 和表 4 – 3 所示。

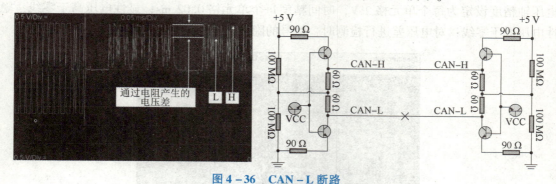

图 4 – 36　CAN – L 断路

表 4 – 3　CAN – L 断路时 CAN – H 信号与 CAN – L 信号电压变化

线路	左侧控制模块端信号变化/V	右侧控制模块端信号变化/V
CAN – H	2.5→3.8	2.5→3.8
CAN – L	2.5→1.0	2.5→3.54

观察这类信号波形时，先观察波形相位和切换方向重叠的部分，只要有这种类似的波形，就说明总线有断路的地方，至于是 CAN-H 还是 CAN-L 断路，可以参照重叠部分波形的显性电平的高低来判定。如果 CAN-H 高于 CAN-L，说明 CAN-H 断路；如果 CAN-L 高于 CAN-H，说明 CAN-L 断路。

（三）CAN-H 虚接

CAN-H 虚接及虚接时信号电压变化分别如图 4-37 和表 4-4 所示。

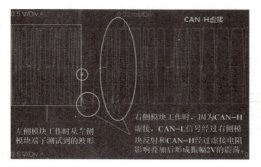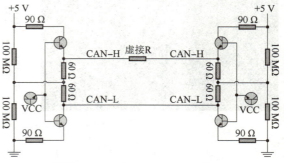

图 4-37　CAN-H 虚接

表 4-4　CAN-H 虚接时 CAN-H 信号与 CAN-L 信号电压变化

线路	左侧控制模块端信号变化/V	右侧控制模块端信号变化/V
CAN-H	2.5→3.88	2.5→1.74
CAN-L	2.5→1.26	2.5→1.26

（四）CAN-L 虚接

CAN-L 虚接及虚接时信号电压变化分别如图 4-38 和表 4-5 所示。

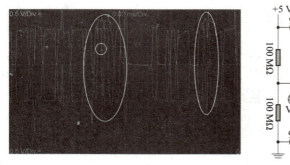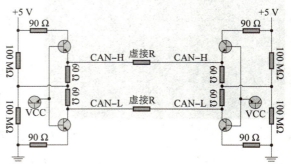

图 4-38　CAN-L 虚接

表 4-5　CAN-L 虚接时 CAN-H 信号与 CAN-L 信号电压变化

线路	左侧控制模块端信号变化/V	右侧控制模块端信号变化/V
CAN-H	2.5→3.75	2.5→3.75
CAN-L	2.5→1.1	2.5→3.65

观察此类波形时，主要看某个控制模块的 CAN 总线信号波形是否存在逆向切换的显性电平，如果 CAN-H 信号波形存在逆向切换的显性电平，则为 CAN-H 存在虚接，虚接电

阻越大，逆向切换后的显性电平越低；如果 CAN – L 信号波形存在逆向切换的显性电平，则为 CAN – L 存在虚接，虚接电阻越大，逆向切换后的显性电平越高。

（五）CAN – H 对电源正极短路

CAN – H 对电源正极短路及短路时信号电压变化分别如图 4 – 39 和表 4 – 6 所示。

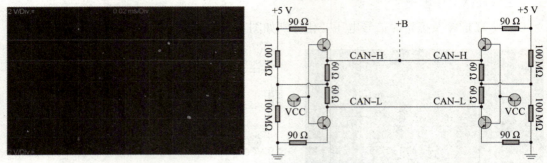

图 4 – 39　CAN – H 对电源正极短路

表 4 – 6　CAN – H 对电源正极短路时 CAN – H 信号与 CAN – L 信号电压变化

线路	左侧控制模块端信号变化/V	右侧控制模块端信号变化/V
CAN – H	12→12	12→12
CAN – L	10→4.4	2.5→4.4

（六）CAN – L 对电源正极短路

CAN – L 对电源正极短路及短路时信号电压变化分别如图 4 – 40 和表 4 – 7 所示。

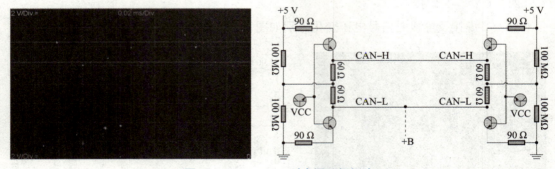

图 4 – 40　CAN – L 对电源正极短路

表 4 – 7　CAN – L 对电源正极短路时 CAN – H 信号与 CAN – L 信号电压变化

线路	左侧控制模块端信号变化/V	右侧控制模块端信号变化/V
CAN – H	9.72→9.72	9.72→9.72
CAN – L	12→12	12→12

观察此类波形时，主要看所有控制模块总线波形的隐性电平是否有一根信号线电压始终保持为 +B，而另外一根信号线为 10 V，如果有，就说明 CAN 总线对 +B 短路。如果 CAN – H 为 +B，CAN – L 为 10 V，说明 CAN – H 对 +B 短路；如果 CAN – L 为 +B，CAN – H 为 10 V，说明 CAN – L 对 +B 短路。

(七) CAN – H 对电源正极虚接

CAN – H 对电源正极虚接及虚接时信号电压变化分别如图 4 – 41 和表 4 – 8 所示。

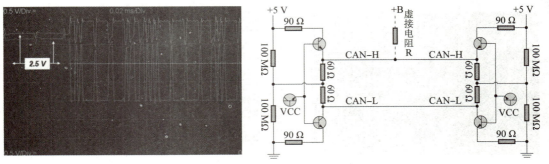

图 4 – 41　CAN – H 对电源正极虚接

表 4 – 8　CAN – H 对电源正极虚接时 CAN – H 信号与 CAN – L 信号电压变化

线路	左侧控制模块端信号变化/V	右侧控制模块端信号变化/V
CAN – H	6.5→4.5	6.5→4.5
CAN – L	5.7→1.8	5.7→1.8

(八) CAN – L 对电源正极虚接

CAN – L 对电源正极虚接及虚接时信号电压变化分别如图 4 – 42 和表 4 – 9 所示。

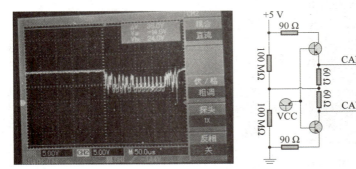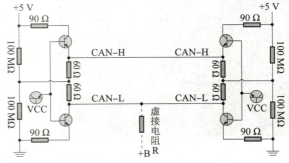

图 4 – 42　CAN – L 对电源正极虚接

表 4 – 9　CAN – L 对电源正极虚接时 CAN – H 信号与 CAN – L 信号电压变化

线路	左侧控制模块端信号变化/V	右侧控制模块端信号变化/V
CAN – H	1.65→3.45	1.65→3.45
CAN – L	1.43→1.31	1.43→1.31

　　观察此类波形时，主要看所有控制模块总线波形的隐性电平是否同时明显大于 2.5 V，如果有，就说明 CAN 总线存在对 + B 虚接。如果 CAN – H 的隐性电平大于 CAN – L，说明 CAN – H 对 + B 虚接；如果 CAN – L 的隐性电平大于 CAN – H，说明 CAN – L 对 + B 虚接。

（九） CAN－H 对地短路

CAN－H 对地短路及短路时信号电压变化分别如图 4－43 和表 4－10 所示。

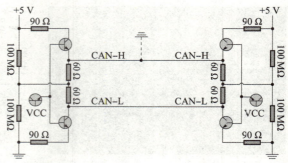

图 4－43　CAN－H 对地短路

表 4－10　CAN－H 对地短路时 CAN－H 信号与 CAN－L 信号电压变化

线路	左侧控制模块端信号变化/V	右侧控制模块端信号变化/V
CAN－H	0→0	0→0
CAN－L	0.5→0.22	0.5→0.22

（十） CAN－L 对地短路

CAN－L 对地短路及短路时信号电压变化分别如图 4－44 和表 4－11 所示。

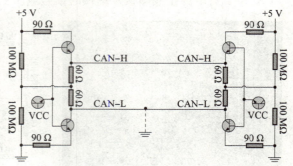

图 4－44　CAN－L 对地短路

表 4－11　CAN－L 对地短路时 CAN－H 信号与 CAN－L 信号电压变化

线路	左侧控制模块端信号变化/V	右侧控制模块端信号变化/V
CAN－H	0.5→2.95	0.5→2.95
CAN－L	0→0	0→0

观察此类波形时，主要看所有控制模块总线波形的隐性电平是否有一根信号线电压始终保持为 0 V，而另外一根信号线为 0.5 V，如果有，就说明 CAN 总线对接地短路。如果 CAN－H 为 0 V，CAN－L 为 0.5 V，说明 CAN－H 对地短路；如果 CAN－L 为 0，CAN－H 为 0.5 V，说明 CAN－L 对地短路。

（十一） CAN‑H 对地虚接

CAN‑H 对地虚接及虚接时信号电压变化分别如图 4‑45 和表 4‑12 所示。

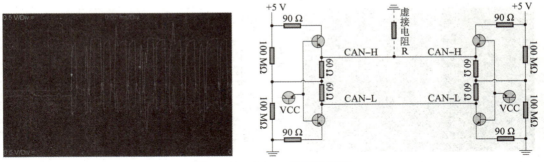

图 4‑45　CAN‑H 对地虚接

表 4‑12　CAN‑H 对地虚接时 CAN‑H 信号与 CAN‑L 信号电压变化

线路	左侧控制模块端信号变化/V	右侧控制模块端信号变化/V
CAN‑H	1.43→3.10	1.43→3.10
CAN‑L	1.65→1.31	1.65→1.31

（十二） CAN‑L 对地虚接

CAN‑L 对地虚接及虚接时信号电压变化分别如图 4‑46 和表 4‑13 所示。

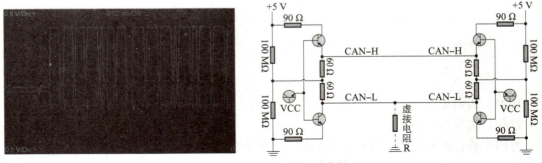

图 4‑46　CAN‑L 对地虚接

表 4‑13　CAN‑L 对地虚接时 CAN‑H 信号与 CAN‑L 信号电压变化

线路	左侧控制模块端信号变化/V	右侧控制模块端信号变化/V
CAN‑H	1.65→3.43	1.65→3.43
CAN‑L	1.43→1.31	1.43→1.31

观察此类波形时，主要看所有控制模块总线波形的隐性电平是否同时明显小于 2.5 V，如果有，就说明 CAN 总线存在对地虚接。如果 CAN‑L 的隐性电平大于 CAN‑H，说明 CAN‑H 对地虚接；如果 CAN‑H 的隐性电平大于 CAN‑L，说明 CAN‑L 对地虚接。

汽车 **车载网络系统检修**

QICHE CHE ZAI WANG LUO XI TONG JIAN XIU

（十三）CAN-H 与 CAN-L 互短

CAN-H 与 CAN-L 互短及互短时信号电压变化分别如图 4-47 和表 4-14 所示。

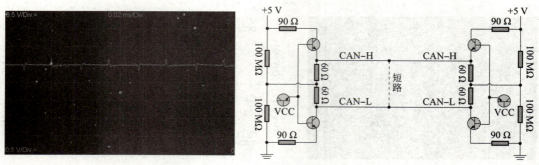

图 4-47 CAN-H 与 CAN-L 互短

表 4-14 CAN-H 与 CAN-L 互短时 CAN-H 信号与 CAN-L 信号电压变化

线路	左侧控制模块端信号变化/V	右侧控制模块端信号变化/V
CAN-H	2.5→2.5	2.5→2.5
CAN-L	2.5→2.5	2.5→2.5

【任务实施】

一、实训前准备

1. 实训场地及设备工具准备

场地：实训室。

设备：实训整车 1 辆。

专用工具：示波器、万用表、电路图、故障诊断仪。

常用工具：120 件套、螺丝刀、扭力扳手、工具车、绝缘手套、接线盒等。

2. 学生组织

分成 6 组，每小组由 4 至 6 名学生组成，每组完成单次练习时间为 60 min。

二、实训安排

1. 准备

①车辆正确停放在工位上；

②提前对蓄电池充电，确保蓄电池电量充足；

③按照工位说明准备工位；

④准备维修手册、维修电路图；

⑤准备灭火器。

2. 讲解与示范（30 min）

①安全注意事项及纪律要求；

②演示常用工具的使用方法，比如万用表、示波器、故障诊断仪等；

③故障诊断步骤；

④操作中一些重要注意事项。

3. 分组练习与工位轮换（60 min）

学员分为6组，每组一个工位，每个工位包含4个任务：

①描述故障现象，用故障诊断仪分析故障原因；

②查找电路图，拆画电路图；

③万用表测量可能故障端子电压电阻；

④确认故障位置。

每组学员分为两个小组，分别完成两项任务，每个小组单次练习30 min，然后进行组内交换。

4. 考核（20 min）

随机抽取10名学员分为5组进行考核。

5. 答疑及总结（10 min）

教师答复学员所提出的相关疑问；若学员无疑问，则带领学员回顾CAN总线检查的操作步骤、要点及注意事项。

三、完成任务工单

实训　诊断车载网络系统的故障（以 CAN 总线故障为例）

学号：＿＿＿＿＿＿＿＿＿＿　姓名：＿＿＿＿＿＿＿＿＿＿　日期：＿＿＿＿＿＿＿＿＿

1. 打开点火开关，连接故障诊断仪，读取故障码

读取故障码根据诊断仪上显示的信息，完成填写。

序号	故障代码	故障内容
1		
2		
3		

2. 查找电路图册，拆画下面电路图，并在实车上找到相应端子

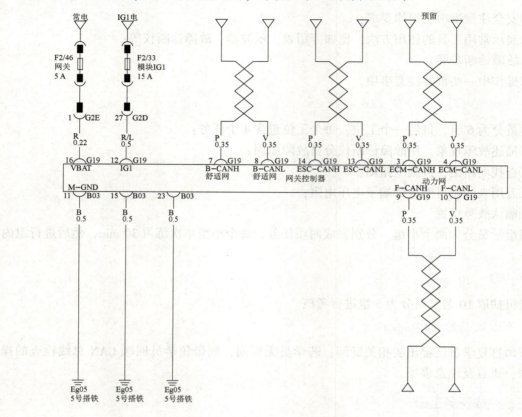

3. 找到测量端子，用万用表进行电压测量

端子序号	电压值	端子序号	电压值	端子序号	电压值
端子序号	电压值	端子序号	电压值	端子序号	电压值

4. 找到测量端子，用万用表进行电阻测量

序号	测量端子1	测量端子2	电阻值
1			
2			
3			
4			
5			
6			

5. 确认故障

四、技术要求和标准

①查阅维修电路图；
②操作方法符合维修手册的要求；
③根据维修手册的数据分析测量结果。

五、实训注意事项

1. 安全注意事项

①拉起驻车制动，且所有车轮用车轮挡块挡住；
②起动发动机前检查挡位是否在 P 挡或空挡，并观察车辆前方及后方是否有人；
③起动发动机应先报告协作同学及车辆附近的人员；
④注意高压电，操作时佩戴绝缘手套；
⑤规范使用举升机，举升部位为车辆专用举升支点，机械保护装置未操作到位时，严禁人员进入被举升车辆下方；
⑥车间应配备干粉灭火器及相应消防设施；
⑦操作过程中应做到油品、工具、配件三不落地，作业完毕应及时清理车间工作场地，做到现场 6S 管理。

2. 操作注意事项

①注意个人安全防护，穿劳保鞋，佩戴护目镜及防护手套。
②维修操作人员进入车间时不应戴手表、戒指、项链等金属饰品。
③操作人员在进行车辆维修时，应防止脚部被车轮压伤、手部被车门夹伤。

【任务评价反馈】

项目四任务一	诊断车载网络系统的故障（以 CAN 总线故障为例）					
学生基本信息	姓名		学号		班级	
	组别		时间		成绩	
能力要求	具体内涵			评分标准	分值	得分
专业能力	拆画电路图与正确使用诊断工具	a. 查阅电路图		10	70	
		b. 拆画电路图		10		
		c. 万用表使用		10		
		d. 故障诊断仪使用		10		
		e. 示波器使用		10		
		f. 确定故障点		10		
		g. 设备清洁校准校零		5		
		h. 6S		5		
	具体要求	分成 6 组，每小组由 4 至 6 名学生组成，每组完成单次练习时间为 60 min				

续表

社会能力	团队合作	是否和谐	5	
	劳动纪律	是否严格遵守	5	15
	沟通讨论	是否积极有效	5	
方法能力	制订计划	是否科学合理	5	
	学习新技术能力	是否具备	5	15
	总结能力	能否正确总结	5	

下一步改进措施		
考核教师签字	结果评价	项目成绩

【知识拓展】

通用汽车检测仪

通用汽车检测仪是汽车保修设备制造公司为适应诊断检测多种车型而设计制造的，一般都配有不同车系的测试卡和适合各种车型的检测连接电缆连接器或者按照不同的检测程序，测试卡存储有几十种甚至上百种不同公司、不同车型汽车电控系统的检测程序、检测数据和故障码等资料，适合综合性维修企业使用。图 4 – 48 ~ 图 4 – 51 为一些常用的通用汽车检测仪。

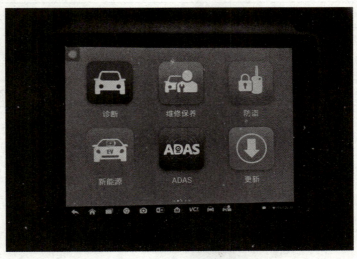

图 4 – 48　Autel MS908E

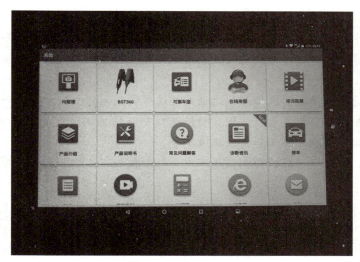

图 4 - 49   元征 X431

图 4 - 50   博世 KT660

图 4 - 51   Kingtec KT300

由于通用检测仪的种类繁多，其操作方法一般步骤如下：

①选择测试卡和合适的电缆连接器或者在检测程序中选择不同的汽车品牌和型号。

②连接故障诊断仪。电源电缆连接到车内点烟器或蓄电池上，测试电缆与汽车的故障诊断座相连。

③选择测试地址和功能。选择测试地址是指选择要测试的电控系统，如发动机系统、自动变速器系统、ABS和安全气囊系统等。功能选择是指根据测试目的选择具体的测试项目，如读取系统数据流、调取故障码和清除故障码等。

④进行测试。带打印功能的检测仪还可以与打印机相连，选择打印功能将测试结果打印出来。

【赛证习题】

思政园地：爱钻"牛角尖"的汽车维修大咖

一、填空题

1. 短路和断路的两种故障形式可以通过_____和_____显示来确定。

2. 处于休眠模式时，CAN – H 导线电压为_____ V，CAN – L 导线的电压为_____ V。

3. 检测电压时必须_____万用表，_____万用表接地（搭铁），_____万用表接正极；检测电流时必须_____万用表。

4. 汽车检测仪一般都具有_____、_____、_____和_____等功能。

二、判断题

（ ）1. 万用表一般不能用于测量交流电压和交流电流。

（ ）2. 所有的故障诊断仪都是专用的。

（ ）3. 在单通道模式下检测时，显性电压位于正电压区，隐性电压位于负电压区。

（ ）4. CAN 总线上单个终端电阻的阻值一定是 120 Ω 左右。

三、简答题

1. 示波器有哪些功能？

2. 驱动 CAN 总线系统中可以使用 DSO 测量的故障类型有哪些？

3. 在双通道模式下检测舒适 CAN 总线和信息 CAN 总线，DSO 参数怎么设置？

任务二

检修一汽－大众迈腾 B8 车载网络系统故障

【任务目标】

1. 知识目标

（1）熟悉迈腾 B8 电路图；

（2）了解迈腾 B8 CAN 网络结构特点；

（3）熟悉迈腾 B8 CAN 网络故障波形特征；

（4）掌握迈腾 B8 CAN 总线故障分类；

（5）掌握迈腾 B8 子总线系统。

重点和难点：

（1）迈腾 B8 CAN 总线波形检测及故障分析；

（2）迈腾 B8 常见 CAN 网络故障诊断与维修。

2. 技能目标

（1）能熟练查阅迈腾 B8 维修手册和电路图；

（2）能根据故障现象制订正确的维修计划；

（3）能熟练使用诊断仪对 CAN 网络故障进行自诊断；

（4）能对迈腾 B8 CAN 总线综合故障进行故障检测、故障排除。

3. 思政目标

（1）培养学生学以致用、动手实践的能力；

（2）通过学生小组合作探究，培养学生的团队合作意识；

（3）培养学生实训室实操安全环保意识、严谨认真的职业精神；

（4）培养学生精益求精的大国工匠精神。

【任务导入】

故障现象：2018 款迈腾 B8 尊贵版，行驶 8 万 km，EPC 发动机故障指示灯点亮，起动发动机，车辆无法着车。

原因分析：发动机无法起动故障原因主要包括：起动机不转，发动机无法起动；起动机正常，发动机无法起动。本故障案例，打开点火钥匙至起动挡，起动机可以听到强劲有力的

起动声音，故排除是起动机故障引起发动机不着车。使用诊断仪，读取发动机 ECU 故障信息，显示故障代码数据总线信号丢失，因此本案例是 CAN 总线故障引起发动机无法起动，需要对该车汽车网络系统进行检修。

【任务分析】

了解车辆 CAN 总线结构是进行下一步检测与维修的基础。

一、迈腾 CAN 总线结构类型

如图 4 - 52 所示，由于汽车不同控制器对 CAN 总线的性能要求不尽相同，迈腾轿车将其总线网络系统设定为动力（驱动）系统、舒适系统、信息娱乐系统、仪表系统、诊断系统 5 个局域网络，不同网络传输速率也不相同，详见表4 - 15。其中，在 CAN 总线系统下还存在 LIN 总线系统，其传输速率为 20 Kbit/s，整个 CAN 总线系统最大可承载 1 Kbit/s。

表 4 - 15　子局域网传输速率

序号	子局域网名称	电源线	传输速率/bit/s
1	驱动 CAN	15 号线	500
2	舒适 CAN	30 号线	100
3	信息娱乐 CAN	30 号线	100
4	诊断 CAN	30 号线	500
5	仪表 CAN	15 号线	100
6	LIN 总线	15 号线	20

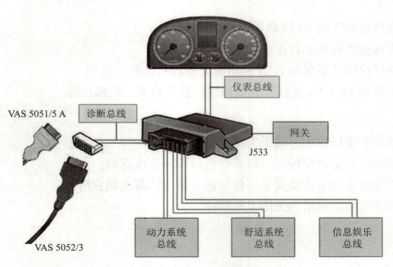

图 4 - 52　迈腾 CAN 总线结构类型

（一）驱动 CAN 总线的网络拓扑图

迈腾轿车驱动 CAN 总线的网络拓扑图如图 4 - 53 所示，包括网关控制器 J533、诊断接口 T16、驱动 CAN 总线断路继电器 J788、车距调节控制单元 J428、发动机控制单元 J623、氧传感器 J583、转向灯及前照灯照明距离调节控制单元 J745、前照灯功率模块 J667/J668、全轮驱动控制单元 J492、自动变速器控制单元 J217/J743、换挡杆控制单元 J587、ABS 控制单元 J104、ESP 控制单元 G419、驻车控制单元 J540、转向辅助控制单元 J500、安全气囊控制单元 J234、转向柱控制单元 J527、转向盘角度传感器 G85、进入及启动许可开关 E415、多功能转向盘控制单元 E221。其中转向柱控制单元中的转向盘角度传感器 G85 是通过 CAN 网络通信传输转向角度信号的传感器。

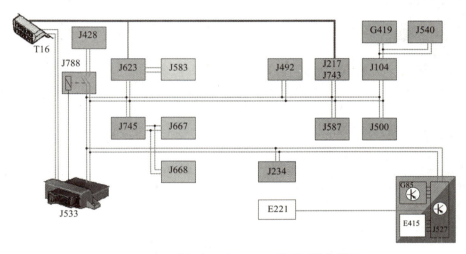

图 4 – 53　迈腾轿车驱动 CAN 总线的网络拓扑图

迈腾轿车驱动 CAN 总线系统各控制单元在车上的位置如图 4 – 54 所示。

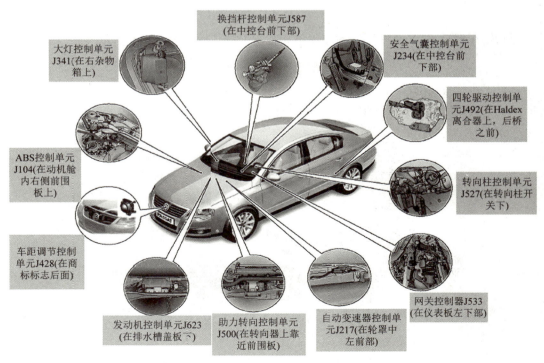

图 4 – 54　迈腾轿车驱动 CAN 总线系统各控制单元在车上的位置

（二）舒适 CAN 总线的网络拓扑图

迈腾轿车舒适 CAN 总线的网络拓扑图如图 4 – 55 所示，包括网关控制器 J533、空调控制单元 J255、座椅位置记忆控制单元 J136 元、舒适系统控制单元 J393、内部监控传感器 G273、车辆倾斜传感器 G384、报警喇叭 H12、车门控制单元 J386/J387/J388/J389、车载电网控制单元 J519、刮水器电机控制单元 J400、雨量及光线识别传感器 G397、驻车辅助控制单元 J446、转向柱控制单元 J527、多功能转向盘控制单元 E221。

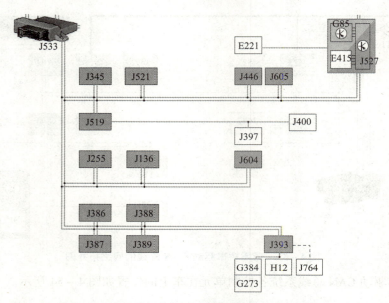

图 4 – 55　迈腾轿车舒适 CAN 总线的网络拓扑图

迈腾轿车舒适 CAN 总线系统各控制单元在车上的位置如图 4 – 56 所示。

驻车辅助控制单元J446
（侧围板上右后部）

拖车控制单元J345
（侧围板上左后部）

副驾驶座椅记忆控制单元J521(前排乘员座椅下方)

副驾驶车门控制单元J387(右前车门内)

多功能转向盘控制单元E221（在转向盘中）

舒适系统控制单元J393(仪表板右下方)

转向柱控制单元J527(在转向柱上)

座椅位置记忆控制单元J136(驾驶员座椅下方)

空调控制单元J255（仪表板中部）

车载电网控制单元J519(驾仪表板下方的继电器座上)

图 4 – 56　迈腾轿车舒适 CAN 总线系统各控制单元在车上的位置

（三）信息娱乐 CAN 总线的网络拓扑图

迈腾轿车信息娱乐 CAN 总线的网络拓扑图如图 4 – 57 所示，包括网关控制器 J533、收音机（导航控制单元）J503、电话准备系统控制单元 J412 、数字音响控制单元 J525、驻车加热控制单元 J364、电话控制单元 J738。

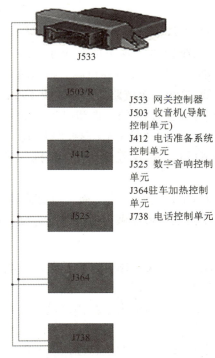

J533 网关控制器
J503 收音机(导航控制单元)
J412 电话准备系统控制单元
J525 数字音响控制单元
J364驻车加热控制单元
J738 电话控制单元

图 4 – 57　迈腾轿车信息娱乐 CAN 总线的网络拓扑图

（四）诊断 CAN 和仪表 CAN 的网络拓扑图

迈腾轿车诊断 CAN 和仪表 CAN 总线的网络拓扑图如图 4 – 58 所示，包括网关控制器 J533、组合仪表控制单元 J285、诊断接口 T16。

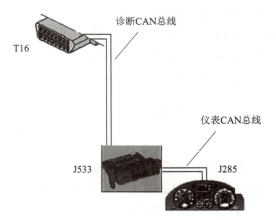

图 4 – 58　迈腾轿车诊断 CAN 和仪表 CAN 的网络拓扑图

二、迈腾 CAN 总线故障诊断方法及注意事项

（一）诊断方法

维修迈腾 CAN 总线系统故障时，常使用故障代码分析法、波形分析法、数据流分析法、自诊断匹配调整等方法。

①故障代码分析：进行 CAN 总线故障自诊断，读取故障代码，根据故障码分析故障原因。比如：驱动总线丢失 ABS 系统信号（这可能是由于 ABS 控制单元未做匹配造成的）；数据总线系统通信故障（这可能是由网关控制器供电、搭铁故障造成的）。

②波形分析：这是判断 CAN 总线系统链路故障的主要手段，通过示波器或波形检测仪，以波形图的形式检查高速 CAN 与低速 CAN 的工作情况是否正常。

③数据流分析：使用诊断仪，读取故障 CAN 总线测量值，与一般电控系统数据流分析一样，只是网络系统故障也会造成相关数据发生变化。根据数据流数据变化，进行故障分析判断。

④自诊断匹配调整：使用 CAN 总线系统的车辆，当更换控制单元后不能立马工作，需要对控制单元进行编码、对控制器或执行器做自适应匹配等操作才能正常工作。

（二）注意事项

①在检查电路之前确保关闭点火开关，断开蓄电池负极电缆。禁止在点火开关接通时拔下或重新连接动力系统接口模块线束插接器。

②为避免损坏线束连接器端子，在对动力系统接口模块线束连接器进行测试时，务必使用合适的线束测试引线。

③由于动力系统接口模块电路具有一定的敏感性，因此制定了专门的线路修理程序，要严格执行。

④维修接点不宜离总线接点过近，导线断点应离接点 10 cm 以上。

⑤维修 CAN 传输导线时，线束缠绕长度应小于 50 mm，两个断点之间距离应大于 100 mm。

⑥在维修 CAN 总线的线束时，不要拆开总线接点，以免引入杂波，造成干扰。

⑦测量模块电阻时，必须断开蓄电池负极。

⑧确保所有线束连接器正确固定。

⑨发动机运行时，不得从车辆电气系统上断开蓄电池。

⑩在充电前，务必从车辆电气系统上断开蓄电池。

三、迈腾子总线系统

（一）LIN 数据总线系统

LIN 数据总线是一个局部的系统，该系统通过数据传输率为 1～20 Kbit/s 的单线连接传输数据。迈腾轿车 LIN 总线的网络拓扑图如图 4－59 所示，包括：车内监控传感器 G273、车辆侧倾传感器 G384、雨量与光线识别传感器 G397、报警喇叭 H12、舒适系统控制单元 J393、刮水器电机控制单元 J400、车载电网控制单元 J519、网关控制器 J533。

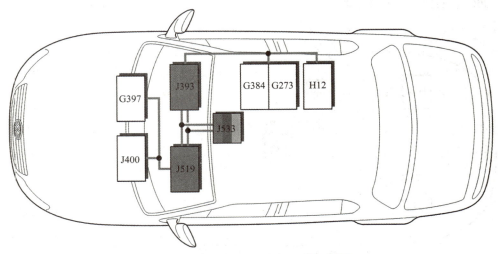

图 4 – 59　迈腾 LIN 数据总线拓扑图

（二）电机驻车制动器

电机驻车制动器 CAN 数据总线的数据传输速度为 500 Kbit/s。传输通过高电平 CAN 数据线和低电平 CAN 数据线进行。为了保证数据安全传输，CAN 导线相互绞接。CAN 数据总线驱动不可单线工作，在其中一根 CAN 导线发生故障时无法进行数据传输。迈腾轿车电机驻车制动器 CAN 数据总线控制单元拓扑图如图 4 – 60 所示，包括：ABS 控制单元 J104、网关控制器 J533、电机驻车制动器控制单元 J540。

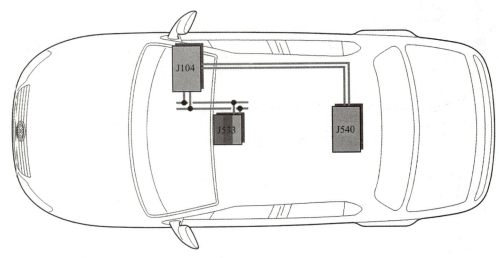

图 4 – 60　迈腾轿车电机驻车制动器 CAN 数据总线控制单元拓扑图

（三）高级前灯照明系统

转向灯 CAN 数据总线的数据传输速度为 500 Kbit/s。传送通过高电平 CAN 数据线和低电平 CAN 数据线进行。为了保证数据安全传输，CAN 导线相互绞接。转向灯 CAN 数据总线不可单线工作，在其中一根 CAN 导线发生故障时则无法进行数据传输。迈腾轿车转向灯 CAN 数据总线中的控制单元拓扑图如图 4 – 61 所示，包括：网关控制器 J533、左侧大灯功

率模块 J667、右侧大灯功率模块 J668、转向灯和大灯照明距离调节控制单元 J745。

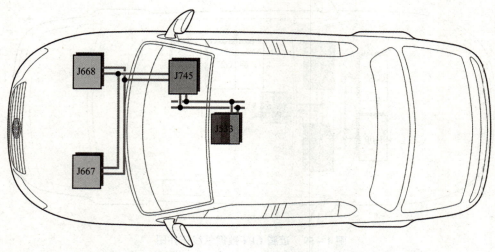

图 4 – 61　迈腾轿车转向灯 CAN 数据总线中的控制单元拓扑图

（四）传感器 CAN 数据总线

迈腾轿车 CAN 网络系统中还存在传感器 CAN 数据总线子系统，如 NOX 传感器控制单元（图 4 – 62）、转向盘角度传感器等。

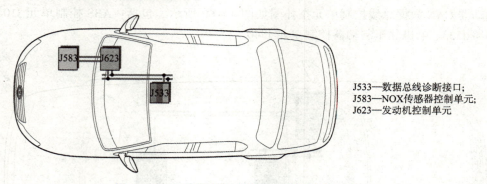

J533—数据总线诊断接口；
J583—NOX传感器控制单元；
J623—发动机控制单元

图 4 – 62　迈腾轿车传感器 CAN 数据总线拓扑图

【任务实施】

一、实训前准备

1. 实训场地及设备工具准备

场地：6 个工位，迈腾车辆 6 辆。

专用工具：示波器、数字万用表。

2. 学生组织

分成 4 组，每小组由 4 至 6 名学生组成，每组完成时间为 45 min。

二、实训安排

1. 准备

①车辆正确停放在工位上；
②按照工位说明准备工位；
③准备迈腾维修手册、电路图；
④准备灭火器。

2. 讲解与要求（10 min）

①安全注意事项及纪律要求；
②维修手册、电路图查阅方法；
③教师示范迈腾自诊断方法。

3. 分组练习（60 min）

学员分为 6 组，每组一个工位，每个工位包含 3 个任务：
①无法进入发动机控制单元 J623 系统故障诊断排除。
②发动机控制单元 J623 系统读取故障码、数据流、清除故障码。
③CAN 总线系统故障诊断排除。

4. 考核（20 min）

每组随机抽取 2 名学员，进行迈腾自诊断考核。

5. 答疑及总结（10 min）

教师答复学员所提出的相关疑问；学员无疑问，则带领学员回顾迈腾自诊断方法、要点及注意事项。

三、完成任务工单

实训　检修一汽－大众迈腾 B8 车载网络系统故障（以自诊断为例）

学号：＿＿＿＿＿＿＿＿＿＿姓名：＿＿＿＿＿＿＿＿＿＿日期：＿＿＿＿＿＿＿＿＿＿

（一）无法进发动机控制单元 J623 系统故障诊断排除

1. 故障现象

发动机无法着车，仪表 EPC 指示灯常亮，且使用诊断仪自诊断无法进发动机控制单元 J623 系统。

2. 故障诊断

使用诊断仪自诊断无法进发动机控制单元 J623 系统原因分析。

元器件	故障原因
诊断接口 T16	
网关控制器 J533	
发动机控制单元 J623	

3. 测量

①诊断接口 T16 供电、搭铁检测。

检测项目	检测项目	检测点	检测条件	检测类型	标准值	检测值	维修意见
诊断接口 T16	供电	30 供电端子	—	电压	蓄电池电压		
		15 供电端子	—	电压	蓄电池电压		
	搭铁	搭铁端子 1	—	电压	0 V		
		搭铁端子 2	断电	电阻	<1 Ω		

②网关控制器 J533 供电、搭铁检测。

检测项目	检测项目	检测点	检测条件	检测类型	标准值	检测值	维修意见
网关控制器 J533	供电	30 供电端子	—	电压	蓄电池电压		
		15 供电端子	—	电压	蓄电池电压		
	搭铁	搭铁端子 1	—	电压	0 V		
		搭铁端子 2	断电	电阻	<1 Ω		

③发动机控制单元 J623 供电、搭铁检测。

检测项目	检测项目	检测点	检测条件	检测类型	标准值	检测值	维修意见
发动机控制单元 J623	供电	30 供电端子	—	电压	蓄电池电压		
		15 供电端子	—	电压	蓄电池电压		
	搭铁	搭铁端子 1	—	电压	0 V		
		搭铁端子 2	断电	电阻	<1 Ω		

（二）迈腾发动机控制单元 J623 系统自诊断

迈腾发动机控制单元 J623 系统读取故障码、数据流、清除故障码。

1. 流程

根据操作过程，简述 ACC 自适应巡航控制系统自诊断读取故障代码、数据流以及清除故障码的流程。

①读取故障代码流程：

②读取数据流流程：

③除故障码流程：

2. 诊断

根据诊断仪上显示的信息读取故障码。

序号	故障代码	故障内容
1		
2		

3. 读取数据流

根据诊断仪上读取到的信息读取数据流。

序号	控制单元	名称	当前值/状态	标准值/状态	是否正常
1					是□ 否□
2					是□ 否□
3					是□ 否□
4					是□ 否□

（三）迈腾 CAN 总线系统故障诊断排除

请根据故障任务设置完成下面表单。

元器件	标准波形	故障波形
发动机控制单元 J623 驱动数据总线 CAN－H 断路		
发动机控制单元 J623 驱动数据总线 CAN－H 对负极短路		
发动机控制单元 J623 驱动数据总线 CAN－H 与 CAN－L 交叉互短		
发动机控制单元 J623 驱动数据总线 CAN－L 虚接电阻 200 Ω		

（四）任务总结

1. 无法进系统原因分析：

2. 本任务发动机无法着车原因分析：

3. J623 故障波形分析：

四、技术要求和标准

①查阅维修电路图；
②操作方法符合维修手册的要求；
③根据维修手册的数据分析测量结果。

五、实训注意事项

1. 安全注意事项

①拉起驻车制动，且所有车轮用车轮挡块挡住；
②正确连接尾气排放装置，保证实训场地通风良好；
③起动发动机前检查挡位是否在 P 挡或空挡，并观察车辆前方及后方是否有人；
④起动发动机应先报告协作同学及车辆附近的人员；
⑤避免触碰车辆排气系统及发动机转动部件，防止高温灼伤及转动部件造成意外伤害；
⑥规范使用举升机，举升部位为车辆专用举升支点，机械保护装置未操作到位时，严禁人员进入被举升车辆下方；
⑦车间应配备干粉灭火器及相应消防设施；
⑧操作过程中应做到油品、工具、配件三不落地，作业完毕应及时清理车间工作场地，做到现场 6S 管理。

2. 操作注意事项

①注意个人安全防护，穿劳保鞋，佩戴护目镜及防护手套。

②维修操作人员进入车间时不应戴手表、戒指、项链等金属饰品。

③操作人员在进行车辆维修时，应防止脚部被车轮压伤、手部被车门夹伤。

【任务评价反馈】

项目四任务二	检修一汽 – 大众迈腾 B8 车载网络系统故障（以自诊断为例）					
学生基本信息	姓名		学号		班级	
	组别		时间		成绩	
步骤及内容		具体内涵		评分 标准	分值	得分
专业能力	发动机无法着车	a. 诊断接口供电、搭铁测量		10	70	
		b. 网关供电、搭铁测量		10		
		c. J623 供电、搭铁测量		10		
		d. J623 读取故障码		10		
		e. J623 读取数据流		10		
		f. J623 清除故障码		10		
		g. CAN – H 故障波形		5		
		h. CAN – L 故障波形		5		
	具体要求	分成 6 组，每小组由 4 至 6 名学生组成，每组完成单次练习时间为 60 min				
社会能力	团队合作	是否和谐		5	15	
	劳动纪律	是否严格遵守		5		
	沟通讨论	是否积极有效		5		
方法能力	制订计划	是否科学合理		5	15	
	学习新技术能力	是否具备		5		
	总结能力	能否正确总结		5		
下一步改进措施						
考核教师签字		结果评价			项目成绩	

【知识拓展】

FlexRay 总线的发展

FlexRay 是继 CAN 和 LIN 之后的研发成果，可以有效管理多重安全和舒适功能，如 FlexRay 适用于线控操作（X – by – Wire）。FlexRay 总线已经成为汽车网络系统的标准。由于目前通过 CAN 总线实现联网的方式已经达到其效率的极限，业界一度认为，FlexRay 将是 CAN 总线的替代标准。FlexRay 是戴姆勒 – 克莱斯勒公司的注册商标（图 4 – 63）。1999 年，宝马、戴姆勒 – 克莱斯勒、飞思卡尔（原美国摩托罗拉公司的半导体部）和荷兰飞利浦合作创建了 FlexRay 协会，以开发新型通信技术。后来博世和通用汽车也加入了该协会。从 2002 年至今，福特、马自达、艾尔默斯和西门子 VDO（2007 年被德国大陆集团以 114 亿欧元收购，现为大陆 VDO）也相继加入该协会。此后，世界范围内几乎所有有影响的汽车制造商和汽车电子产品供应商都加入了 FlexRay 协会。FlexRay 是一种新型通信系统，目标是在电气与机械电子组件之间实现可靠、实时、高效的数据传输，以确保满足未来新的汽车网络技术的需要。由于控制单元在车辆内联网对通信系统技术方面的要求越来越高，同时认识到有必要为基础系统提供一个开放式标准化解决方案，因此开发了新型通信系统 FlexRay。FlexRay 为车内分布式网络系统的实时数据传输提供了有效协议。

图 4 –63　FlexRay 的标志

【赛证习题】

思政园地：从木工岗位走出来的汽修"老中医"

一、单选题

1. 迈腾轿车总线网络系统包括（　）等几个网络。
A. 动力总线、舒适总线、LIN 总线、蓝牙总线
B. 动力总线、舒适总线、MOST 总线、LIN 总线
C. 动力总线、舒适总线、MOST 总线、诊断总线、蓝牙总线
D. 动力总线、舒适总线、信息娱乐总线、诊断总线、仪表总线

2. CAN 数据总线中，CAN 总线采用相互缠绕在一起的双绞线，其目的是（　）。
A. 防止外界电磁波干扰和向外辐射　　B. 便于识别
C. 便于安装　　D. 便于数据传输

3. CAN 的含义是 (　　)。

A. 局域网   B. 局部互联网

C. 汽车网络   D. 媒体网络

二、判断题

(　　) 1. 迈腾 B8 驱动 CAN 总线 CAN – H 线为橙色/棕色，CAN – L 线为橙色/黑色。

(　　) 2. 迈腾 B8 驱动 CAN 总线在一根线断路/短路时，所有功能都会停止。

(　　) 3. 在迈腾轿车 CAN 系统中，如果蓄电池电压低于 12.7 V，则系统会提高怠速转速，如果电压降到 12.2 V 以下，则系统会关闭一些用电器。

(　　) 4. 所有控制单元内安装的终端电阻的阻值为 120 Ω。

(　　) 5. CAN 总线采用双绞线，既可以防止电磁干扰对传输信息的影响，也可以防止本身对外界的干扰。

三、简答题

1. 简述迈腾 B8 轿车动力 CAN 总线系统网络和舒适 CAN 总线系统网络的组成。

2. 迈腾 B8 网关控制器 J533 的功能是什么？其安装位置在哪里？

3. CAN 数据总线系统的结构有哪些？其作用分别是什么？

任务三

····· 检修比亚迪秦 EV 车载网络系统故障 ·····

【任务目标】

1. 知识目标

（1）掌握比亚迪秦 EV 车载网络系统的结构特点；

（2）掌握比亚迪秦 EV 车载网络系统的工作原理；

（3）掌握比亚迪秦 EV 车载网络系统的故障诊断。

重点和难点：

（1）秦 EV 车载网络系统的结构特点；

（2）秦 EV 车载网络系统的故障诊断。

2. 能力目标

（1）能够进行比亚迪秦 EV 车载网络系统的结构认知；

（2）能够进行比亚迪秦 EV 车载网络系统的性能检测；

（3）能够对比亚迪秦 EV 车载网络系统进行故障诊断和维修。

3. 素养目标

（1）培养学生举一反三的思维能力；

（2）通过学生小组合作探究，培养学生的团队合作意识；

（3）培养学生规范意识和严谨认真的职业精神。

【任务导入】

故障现象：一辆 2020 款比亚迪秦 EV 纯电动汽车，行驶里程 5 000 km。用户反映该车起动开关打开时，OK 灯不亮，车辆无法行驶，仪表响起报警音，动力电池故障灯点亮，系统故障灯点亮，并提示"请检查电子车辆网络"等各种告警信息。

原因分析：根据车辆现象，维修人员初步分析，该故障可能是由 BMS 模块 CAN 总线故障引起的，而使得 BMS 无法与其他控制模块通信，导致车辆无法起动。如果你是维修技师，你该如何检修？

【任务分析】

在维修该故障前，需要了解、熟悉该车 CAN 总线系统的结构特点及控制原理，在此基础上，才能按照思路进行诊断和排除故障。

一、比亚迪秦 EV 纯电动汽车 CAN 总线系统的结构与原理

2020 款比亚迪秦 EV 纯电动汽车 CAN 网络属于总线式串行通信网络，其网络拓扑图如图 4－64 所示，主要由启动 CAN、舒适 CAN1、舒适 CAN2、动力 CAN、电池子网 CAN、ESC CAN、网关等组成。

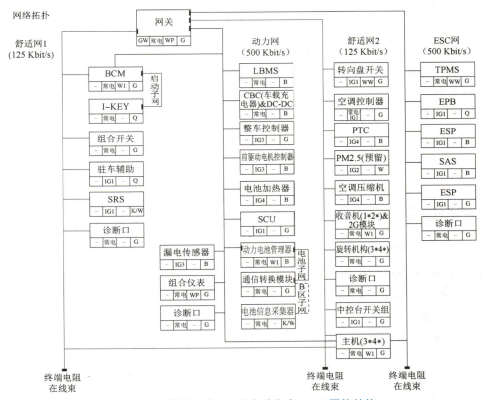

图 4－64　比亚迪秦 EV 纯电动汽车 CAN 网络结构

（一）启动 CAN

启动 CAN 主要负责车辆起动的控制，主要控制对象为：BCM（Body Control Module，车身控制模块）、I－KEY（Intelligent key system，智能钥匙系统）。传输速率为 125 Kbit/s，属于低速 CAN，其终端电阻分别在 BCM 和智能钥匙系统控制器中。

（二）舒适 CAN1

舒适 CAN1 主要包含 BCM 车身控制模块、I－KEY 智能钥匙系统、组合开关、驻车辅助、SRS 安全气囊、诊断接口等。其传输速率为 125 Kbit/s，属于低速 CAN，其终端电阻分别在网关和线束中。

（三） 动力 CAN

动力 CAN 主要负责驱动和控制车辆，主要控制对象为：LBMS 低压电池管理系统（12 V 电源）、OBC 车载充电器、整车控制器 VCU、前驱动电机控制器 MCU、电池加热器、SCU 挡位控制器、动力电池管理器 BMS、通信转换模块、电池信息采集器 BIC、漏电传感器、组合仪表和诊断接口等。传输速率为 500 Kbit/s，属于高速 CAN，其终端电阻分别在网关和电池管理模块中。

（四） 电池子网 CAN

电池子网 CAN 主要负责动力电池内部温度、电压等信息的采集，传输速率为 250 Kbit/s，属于高速 CAN，其终端电阻分别在电池管理模块和通信转换模块中。

（五） ESC CAN

ESC CAN 网络系统主要包含 TPMS 胎压监测系统、EPB 电子驻车控制系统、ESP 车身电子稳定系统和 SAS 半自动悬架、EPS 电子助力转向系统和诊断接口等。该系统主要负责车身稳定性控制，侧重于车辆安全，传输速率为 500 Kbit/s，属于高速 CAN，其终端电阻分别在网关和线束中。

（六） 舒适 CAN2

舒适 CAN2 主要包含转向盘开关、空调控制器、PTC 空调加热器、空调压缩机、收音机和旋转机构等。其传输速率为 125 Kbit/s，属于低速 CAN，其终端电阻分别在网关和线束中。

二、比亚迪秦 EV 纯电动汽车 CAN 总线系统的故障检测

（一） 网关信号检测

比亚迪秦 EV 纯电动汽车网关控制器位于车辆副驾仪表下方，其连接器 G19 针脚定义见图 4－65 所示。相关信号的测量流程如下。

1. 检查电源

①断开网关控制器连接器 G19。

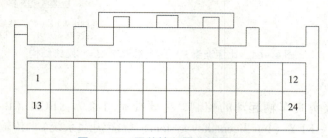

图 4－65　网关控制器连接器 G19

②检查线束端连接器各电源端子电压和电阻，标准值见表 4－16 和表 4－17。若异常，则为网关电源线断路或短路，需更换线束；正常则进行搭铁检查。搭铁检查若异常，则为网关搭铁线断路或短路，需更换线束；正常则进行 CAN 通信检查。

表 4 – 16　标准电压

端子号（符号）	配线颜色	端子描述	条件	规定状态
G19/16 – 车身搭铁	G/R	常电	始终	11 ~ 14 V
G19/12 – 车身搭铁	R/W	IG1 供电	ON 挡电	11 ~ 14 V

表 4 – 17　标准电阻

端子号（符号）	配线颜色	端子描述	条件	规定状态
G19/11 – 车身搭铁	B	信号搭铁	始终	小于 1 Ω
G19/15 – 车身搭铁	B	信号搭铁	始终	小于 1 Ω

若电源和搭铁都只有一根在工作，也可使车辆上高压电（OK 电），但 IG1 的电源线会使车辆难以下电。

2. 检查 CAN 通信线路

①断开 KJG01 连接器，断开智能钥匙系统控制器 KG25（B）连接器，检查线束端连接器各端子间电阻，标准值见表 4 – 18。

表 4 – 18　标准电阻

端子号（符号）	配线颜色	端子描述	条件	规定状态
KG25（B）/12 – KJG01/18	P	启动子网 CAN – H	始终	小于 1 Ω
KG25（B）/6 – KJG01/21	V	启动子网 CAN – L	始终	小于 1 Ω
KG25（B）/12 – KG25（B）/6			始终	大于 10 kΩ

若异常，则为启动子网主线断路或短路，需更换线束。启动子网线路故障会影响车辆解锁和上高压电。

②断开网关控制器连接器 G19，断开 GJK02 连接器，检查线束端连接器各端子间电阻，标准值见表 4 – 19。

表 4 – 19　标准电阻

端子号（符号）	配线颜色	端子描述	条件	规定状态
GJK02/7 – G19/7	P	舒适网 1 CAN – H	始终	小于 1 Ω
GJK02/6 – G19/8	V	舒适网 1 CAN – L	始终	小于 1 Ω
G19/7 – G19/8			始终	大于 10 kΩ

若异常，则为舒适 CAN1 主线断路或短路，需更换线束。舒适 CAN1 线路故障不会影响车辆上高压电，但会影响其舒适功能的使用。

③断开网关控制器连接器 G19，断开 GJB02 连接器，检查线束端连接器各端子间电阻，标准值见表 4 – 20。

表 4 – 20　标准电阻

端子号（符号）	配线颜色	端子描述	条件	规定状态
GJB02/20 – G19/9	P	动力网 CAN – H	始终	小于 1 Ω
GJB02/19 – G19/10	V	动力网 CAN – L	始终	小于 1 Ω
G19/9 – G19/10			始终	大于 10 kΩ

若异常，则为动力网主线断路或短路，需更换线束。动力 CAN 线路故障会影响车辆上高压电，且诊断仪扫描不到动力 CAN 相关的模块。

④断开电池管理器 BK45（A）连接器，断开电池包 BK51 连接器，检查线束端连接器各端子间电阻，标准值见表 4 – 21。

表 4 – 21　标准电阻

端子号（符号）	配线颜色	端子描述	条件	规定状态
BK45（A）/1 – BK51/10	P	电池子网 CAN – H	始终	小于 1 Ω
BK45（A）/10 – BK51/4	V	电池子网 CAN – L	始终	小于 1 Ω
BK51/10 – BK51/4			始终	大于 10 kΩ

若异常，则为电池子网主线存在断路或短路，需更换线束。通常而言，电池子网线路故障会影响电池管理器系统与电池包之间的通信，使车辆高压无法上电，并可通过故障诊断仪读取到 P1A3400、U20B000、U20B100U、20B200、U20B300、U20B400、U20B500、U20B600、U20B700 故障码。

（二）终端电阻的检测

为避免信号反射，需在 2 个 CAN 总线用户上（在 CAN 网络中的距离最远）分别连接一个 120 Ω 的终端电阻。这 2 个终端电阻并联，并构成一个 60 Ω 的等效电阻。关闭供电电压后可在数据线之间测量该等效电阻。此外，单个电阻可各自分开测量。通过 60 Ω 等效电阻进行测量，需要把一个便于拆装的控制单元从总线上脱开，然后在插头上测量 CAN – L 导线和 CAN – H 导线之间的电阻。比亚迪秦 EV 终端电阻分布情况见表 4 – 22 所示。

表 4 – 22　比亚迪秦 EV 终端电阻分布情况

总线类型	终端电阻 1 位置	终端电阻 2 位置
启动 CAN	BCM	智能钥匙系统控制器
舒适 CAN1	网关	线束
舒适 CAN2	网关	线束
动力 CAN	网关	电池管理模块
电池子网 CAN	电池管理模块	通信转换模块
ESC CAN	网关	线束

（三）CAN 总线波形的检测

动力 CAN 正常时，万用表测得 CAN – H 和 CAN – L 值分别是 2.6 V 和 2.2 V，波形测得

CAN – H 在 2.5 ~ 3.5 V 之间变化，CAN – L 在 1.5 ~ 2.5 V 之间变化，如图 4 – 66 所示。

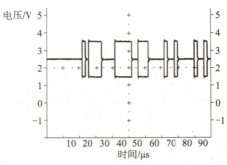

图 4 – 66　驱动 CAN 波形

舒适 CAN 正常时，万用表测得 CAN – H 和 CAN – L 值分别是 2.5 V 和 2.2 V；波形测得 CAN – H 在 2.5 ~ 3.5 V 之间变化，CAN – L 在 1.5 ~ 2.5 V 之间变化，如图 4 – 67 所示。

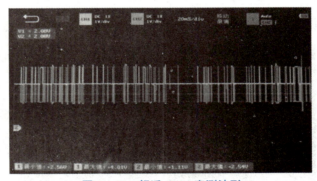

图 4 – 67　舒适 CAN 实测波形

二、比亚迪秦 EV 纯电动汽车 CAN 总线系统的故障诊断流程

（一）动力网故障诊断

下面以某个实际案例进行故障诊断流程的介绍。

1. 故障现象

踩下制动踏板、一键起动后，出现以下现象：

①组合仪表动力电池电量显示 0%，P 挡位指示灯闪烁，见图 4 – 68。

图 4 – 68　仪表故障现象显示 1

②几秒钟之后，组合仪表动力系统故障警告灯点亮；充电系统故障警告灯点亮；动力电池电量显示—%；动力电池过热警告灯点亮；动力电池故障警告灯点亮；电机冷却液温度过高警告灯点亮；多功能屏显示"请检查动力系统""请及时充电"；挡位指示灯不亮；OK 指示灯未点亮；不能挂挡行车；启动按钮指示灯为橙色。此时的组合仪表故障现象见图 4 – 69。

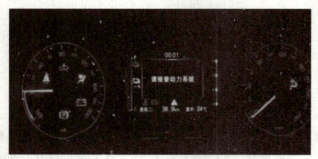

图 4 – 69　仪表故障现象显示 2

图 4 – 70 为组合仪表正常情况，供参考。

图 4 – 70　仪表正常显示

2. 排故流程

1) 故障原因分析

仪表故障现象多种多样，但全部与动力网相关，可初步推测为动力网相关故障。由于故障现象多，可先使用解码器读取故障码和数据流，为下一步的分析指出参考方向。

2) 故障排除过程

（1）通过解码器读取故障码。

连接解码器 X431 至 DLC3，选择比亚迪秦 EV—系统选择—网关模块—网关—读取故障码。故障代码如图 4 – 71 所示为 B12EC00，此故障代码意思是网关与动力网失去通信。从故障码 B12EC00 分析，故障可能范围是：动力网故障和网关故障。

同时，从舒适网的组合仪表模块读取故障代码 U011087——与电机控制器失去通信；U029687——与动力电池管理模块失去通信。显然，动力网主总线故障或网关故障都会导致动力网上电机控制器和电池管理模块—动力网—网关—舒适网—组合仪表之间无法通信，这样也验证了此前分析的故障范围是正确的，也能排除动力网支总线故障。

（2）通过诊断仪读取数据流。

进一步读取动力网的数据流，动力网中全部模块都无法进入，说明网关与动力网上全部控制器无法通信，也验证了故障可能范围是网关、动力网。动力网的支总线故障仅仅导致对应的模块与网关失去通信，所以也能排除动力网支总线故障。

图4-71　网关系统的故障代码显示

综合以上组合仪表现象、故障码、数据流的分析，可知故障可能范围是：动力网主总线、网关。另外，网关电源电路是正常的，假如网关电源电路故障，动力网、舒适网和ESC网都会失去通信。

（3）检查动力网主总线。

根据图4-72的动力网电路图所示，检测在网关侧G19-9端子到G19-10端子之间的电阻，结果为120Ω，异常（正常为60Ω左右），说明动力网主总线存在断路。

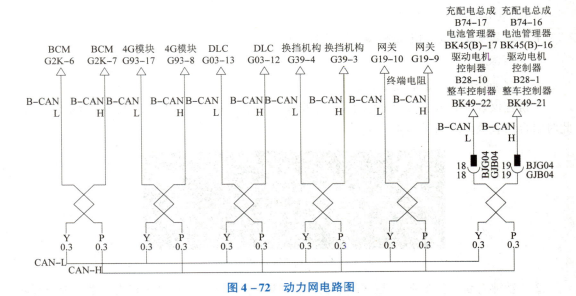

图4-72　动力网电路图

拔网关插头，对插头外观进行检查，无异常。检查网关G19-9端子到G19-10端子之间电阻，结果为120Ω，正常，说明网关内部的终端电阻正常。

拔BMS（电池管理模块）插头，检查网关侧插头G19-9端子到BMS侧插座BK45（B）-16端子之间电阻，结果为0Ω，异常（正常为导通）。说明动力网主总线的CAN-H线断路。

检查网关侧插头G19-9端子到插头GJB04-19端子之间电阻，结果为0Ω，异常（正常为导通）。可判断故障为：动力网主总线CAN-H线中网关侧插座G19-9端子到插座

GJB04 - 19 端子之间断路。

（4）故障结论。

动力网主总线的 CAN - H 线断路导致动力网上的所有模块都无法与网关进行通信，网关会存储故障码 B12EC00—动力网络通信故障，解码器也无法通过网关进入动力网所有模块，组合仪表与电机控制器和 BMS 的通信中断，其储存相应的故障码 U011087 和故障码 U029687。

组合仪表故障现象分析：动力网主总线断路导致动力网的动力电池电量、动力电池温度、P 挡信号、电机冷却液温度、动力电池充放等信息无法通过网关提供给舒适网上的组合仪表，组合仪表会点亮相应的故障警告灯以及多功能屏进行故障提醒。

OK 指示灯点亮说明车辆已准备就绪，可以挂挡行车。上 OK 电要经历 4 个阶段：

①电子防盗的解除，组合仪表上的防盗指示灯从闪烁到熄灭说明电子防盗解除；

②BCM 控制接通 IG1 继电器、IG3 继电器、IG4 继电器给相关控制器通电；

③通电后的控制器开始自检；

④相关控制器通过 CAN 网络发布和接收相关信息（包括自检后的故障信息），整车控制器正常接收到相关信息会发出点亮 OK 指示灯的指令，组合仪表点亮 OK。

OK 指示灯未点亮，说明上述的某一工作阶段有故障，本故障是在第四阶段，整车控制器无法在动力网接收和发布信息，导致 OK 指示灯不点亮。

（二）舒适网故障诊断

下面以某个实际案例进行故障诊断流程的介绍。

1. 故障现象

踩下制动踏板，一键启动后。

①组合仪表动力电池电量显示 0%，多功能屏显示"请及时充电"，P 挡位指示灯闪烁。此时组合仪表故障现象见图 4 - 73。

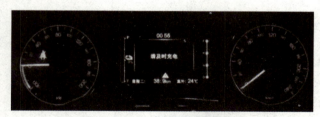

图 4 - 73 仪表故障现象显示 1

②几秒钟之后，驻车系统故障警告灯闪烁，电子驻车状态指示灯未点亮，多功能屏显示"请检查电子驻车系统"。此时组合仪表故障现象见图 4 - 74。

图 4 - 74 仪表故障现象显示 2

③十几秒钟之后，组合仪表动力系统故障警告灯点亮；充电系统故障警告灯点亮；动力电池电量显示—%；动力电池过热警告灯点亮；动力电池故障警告灯点亮；电机冷却液温度过高警告灯点亮；驻车系统故障警告灯由闪烁变为点亮；ABS故障警告灯点亮后未熄灭；转向系统故障警告灯点亮后未熄灭；多功能屏显示"请检查动力系统""请及时充电""请检查ABS系统""请检查转向系统"，挡位指示灯不亮；OK指示灯未点亮；不能挂挡行车，启动按钮指示灯为橙色。

2. 排故流程

1）故障原因分析

上述组合仪表故障现象主要与动力网和ESC网相关。

①与动力网相关的：组合仪表动力电池电量显示0%，多功能屏显示"请及时充电""请检查动力系统"，P挡位指示灯闪烁，动力系统故障警告灯点亮；充电系统故障警告灯点亮；动力电池电量显示—%；动力电池过热警告灯点亮；动力电池故障警告灯点亮；电机冷却液温度过高警告灯点亮；挡位指示灯不亮。

②与ESC网相关的：驻车系统故障警告灯闪烁，电子驻车状态指示灯未点亮，多功能屏显示"请检查电子驻车系统"，组合仪表驻车系统故障警告灯由闪烁变为点亮；ABS故障警告灯点亮后未熄灭；转向系统故障警告灯点亮后未熄灭；多功能屏显示，"请检查ABS系统""请检查转向系统"。

分析：仅仅是动力网相关故障或仅仅是ESC网相关故障，不会同时出现上述故障现象，可排除动力网和ESC网相关故障。组合仪表挂载在舒适网上，如果舒适网故障，动力网和ESC网同时无法与组合仪表通信，因此，可推测为舒适网相关故障。但仅仅舒适网支总线及节点的故障，组合仪表也只会显示单一的故障警告，所以可推测为舒适网主总线故障、网关相关部分故障。

2）故障排除过程

（1）通过解码器读取故障码。

如图4-75所示，读取故障代码B12ED00，此故障代码的意思是网关与舒适网失去通信，印证了上述推测的故障范围。

图4-75　网关系统的故障代码显示

（2）通过解码器读取数据流。

进一步选择读取舒适网的数据流，舒适网中所有模块都无法进入，从此故障现象可也分析故障范围：舒适网主总线故障、网关相关部分故障。舒适网主总线故障会导致网关与舒适

网上所有模块失去通信，舒适网的支总线故障仅仅导致对应的模块与网关失去通信；网关相关部分故障也会导致网关与舒适网上所有模块失去通信。

综合组合仪表故障现象、故障码 B12ED00 和解码器无法进入舒适网中所有模块，可知故障可能范围为：舒适网主总线故障、网关本身相关部分故障。

（3）先检查舒适网主总线。

根据舒适网电路图（图 4-76），检测在网关侧 G19-8 端子到 G19-7 端子之间的电阻，结果为 0 Ω，异常（正常为 60 Ω 左右）。说明舒适主总线 CAN-H 与 CAN-L 之间短路。

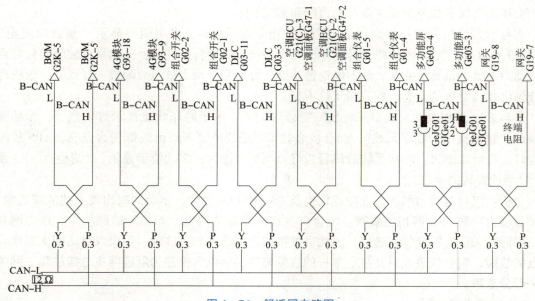

图 4-76　舒适网电路图

（4）故障结论。

舒适主总线 CAN-H 与 CAN-L 之间短路，会导致舒适网上的所有模块都无法与网关进行通信，网关会存储故障码 B12ED00，解码器也无法通过网关进入舒适网所有模块。

组合仪表故障现象分析：舒适主总线 CAN-H 与 CAN-L 之间短路导致动力网和 ESC 网上的信息都无法通过网关传递给组合仪表，组合仪表会点亮相应的故障警告灯以及多功能屏进行故障提醒。

【任务实施】

一、实训前准备

1. 实训场地及设备工具准备

场地：6 个工位，车辆 6 辆（比亚迪纯电动汽车）。

设备：车辆检测平台、充电机。

专用工具：故障诊断仪、数字万用表、示波器。

常用工具：车外三件套、车内四件套、120 件套、扭力扳手、工具车。

2. 学生组织

分成 6 组，每小组由 4 至 6 名学生组成，每组完成单次练习时间为 60 min。

二、实训安排

1. 准备

①按照工位说明准备工位；
②车辆正确停放在工位上；
③提前对蓄电池充电，确保蓄电池电量充足；
④铺设车辆防护用品；
⑤准备维修手册；
⑥准备灭火器。

2. 讲解与示范（15 min）

①安全注意事项及纪律要求；
②拆装步骤、要求及注意事项；
③教师示范讲解比亚迪 CAN 总线系统的结构及特点；
④教师示范讲解比亚迪 CAN 总线系统的检测流程及方法；
⑤教师示范讲解比亚迪 CAN 总线系统的故障维修流程及方法。

3. 分组练习（60 min）

学员分为 6 组，每组一个工位，每个工位包含三个任务：
①比亚迪 CAN 总线系统故障检测；
②比亚迪 CAN 总线系统故障分析；
③比亚迪 CAN 总线系统故障维修。

4. 考核（15 min）

随机抽取 10 名学员分为 5 组进行考核。

5. 答疑及总结（10 min）

教师答复学员所提出的相关疑问；若学员无疑问，则带领学员回顾诊断仪的操作步骤、要点及注意事项。

三、完成任务工单

实训　检修比亚迪秦 EV 纯电动汽车 CAN 总线系统

学号：_____　姓名：_____　日期：_____

1. 比亚迪汽车 CAN 总线系统检修的操作步骤

1）安全防护与维修准备

①将车辆安全停放到维修工位，拉起手制动器或将变速器置于 P 挡。

②安装防护三件套，铺设翼子板布。

③检查防冻液液面、制动液液面、蓄电池电压是否正常。

2）故障验证及自诊断

①踩下制动踏板，同时按下启动按钮，准备检查车辆的常规电气系统和高压系统是否能正常工作。

②连接诊断仪，观察诊断仪指示灯是否点亮。如果不能点亮，则检查诊断接口供电和搭铁；如果点亮，则进行下一步检查。

③是否能够进入车辆自诊断。如果不能，则检查网关供电和搭铁，以及网关和诊断接口之间的 CAN 线是否正常；如果进入车辆自诊断正常，则进行下一步检查。

④扫描全车模块，进行故障码读取，根据故障码提示进行下一步检查。

3）CAN 总线故障检测

①使用手持示波器，将测试线的 CH1 连接到网关的 CAN－H 端子数据线上，CH2 连接到网关的 CAN－L 端子数据线上，打开点火开关，进入示波器检测界面，读取并分析驱动 CAN 总线波形是否正常。若不正常，判断总线故障类型。

②关闭点火开关，拔下网关的插接件，用万用表检测网关端子 CAN－H 和 CAN－L 之间，驱动 CAN 总线终端电阻是否为 60 Ω。

③逐一断开动力网 CAN 总线控制单元，检测终端电阻是否发生变化。若无变化，则相应的控制单元或传输导线故障。

④关闭点火开关，拔下动力电池管理系统的插接件，用万用表检测控制单元端子 CAN－H、CAN－L 之间的终端电阻是否为 60 Ω，拔下整车控制单元的插接件，用万用表检测控制单元端子 CAN－H、CAN－L 之间的阻值是否为 60 Ω。若阻值不符合规定，则相应的控制单元 CAN 总线或控制单元损坏，应更换。

⑤关闭点火开关，拔下网关的插接件，打开点火开关，检测插接件端子 CAN－H、CAN－L 的隐性电压是否为 2.5 V。

⑥若电压为 0 或∞，则相应的 CAN 传输导线搭铁或断路故障。

4）故障维修

①根据检测结果，更换损坏的控制单元，进行控制单元编码。

②根据检测结果，确定故障传输导线，找到故障点，进行相应的维修。

③维修结束，重新检测动力 CAN 电压、终端电阻、波形是否恢复正常。

5）完工整理

①安装拆卸的相关部件，恢复车辆至完好状态。

②取下三件套和车内四件套，清洁车辆。

③整理维修工具及仪器设备，清洁场地卫生。

2. 驱动 CAN 总线故障检测的实施记录

结合实施过程，对照检查项目内容，勾选或填写出实际的检查结果。

测量步骤	测量项目	故障记录	故障分析
维修准备	安全防护工作	铺设三件套☐　铺设四件套☐	
	蓄电池电压	_____ V	
	拉起驻车制动器	是☐　否☐	
	变速器挡位	_____ 挡	
故障验证及自诊断	车辆能否上电	能☐　不能☐	
	能否进入自诊断	能☐　不能☐	
	诊断插座电源、搭铁是否良好	是☐　否☐	
	网关电源、搭铁是否良好	是☐　否☐	
	是否有故障码	故障码记录：	
故障检测	总线波形检测	波形正常☐　波形不正常☐	
	波形故障类型	对正短路☐　对地短路☐ 断路☐　交叉连接☐	
	终端电阻检测	电阻正常☐　电阻不正常☐ 阻值大小：_____ Ω	
	总线电压检测	电压正常☐　电压不正常☐ 隐性电压：CAN－H＝_____ V CAN－L＝_____ V 显性电压：CAN－H＝_____ V CAN－L＝_____ V	
	控制单元检测	良好☐　损坏☐ 故障控制单元：_____	
	总线链路检测	良好☐　损坏☐ 故障线路：_____	
	控制单元熔断器检测	良好☐　损坏☐ 故障熔断器：_____	
完工整理	安装拆卸部件，恢复车辆	是☐　否☐	
	整理工具和设备	是☐　否☐	
	取下车外三件套和车内四件套	是☐　否☐	
	清洁车辆	是☐　否☐	
	打扫场地卫生	是☐　否☐	

四、技术要求和标准

①操作方法符合维修手册的要求；
②按照电路图正确分析故障；
③根据维修手册的数据分析测量结果并判断故障。

五、实训注意事项

①进入车间应穿工鞋、戴工帽；工作服应穿戴整齐，无皮肤裸露；操作时不可佩戴手表等金属饰品，以防划伤车辆表面。

②操作电气设备时应注意用电安全。作业结束之后，应及时切断一切用电设备的电源。

③在对车辆电气设备端子进行检测时，必须使用万用表线组等工具，避免用万用表表笔直接测量而导致接触器虚接。

④若因检测需求需要拆卸某些部件时，必须严格按照维修手册标准进行拆卸，严禁暴力拆卸，防止元件损坏。

⑤非必要情况下，严禁对线束内部进行分解检测，对线束破损、裸露部分应使用电工胶布或热缩管做好绝缘处理。

【任务评价反馈】

项目四任务三		检修比亚迪秦 EV 纯电动汽车 CAN 总线系统				
学生基本信息		姓名		学号		班级	
		组别		时间		成绩	
能力要求		具体内涵	评分标准	分值	得分
专业能力	CAN 总线故障诊断	a. 维修准备	5	70	
		b. 故障验证	5		
		c. 故障自诊断	5		
		d. 波形检测	10		
		e. 终端电阻检测	10		
		f. 总线电压检测	10		
		g. 控制单元检测	10		
		h. 观摩操作过程及记录测量结果或操作要点	5		
		i. 整理工具、清理现场	5		
		j. 安全用电，防火，无人身、设备事故	5		
	具体要求	分成 6 组，每小组由 4 至 6 名学生组成，每组完成单次练习时间为 60 min			

社会能力	团队合作	是否和谐	5	15	
	劳动纪律	是否严格遵守	5		
	沟通讨论	是否积极有效	5		
方法能力	制订计划	是否科学合理	5	15	
	学习新技术能力	是否具备	5		
	总结能力	能否正确总结	5		
下一步改进措施					
考核教师签字		结果评价			项目成绩

【知识拓展】

车联网系统

车联网系统，是指通过在车辆仪表台安装车载终端设备，实现对车辆所有工作情况和静、动态信息的采集、存储并发送。车联网系统一般具有实时实景功能，利用移动网络实现人车交互。

车联网系统分为三大部分：车载终端、云计算处理平台、数据分析平台，根据不同行业对车辆的不同的功能需求实现对车辆有效监控管理。车辆的运行往往涉及多项开关量、传感器模拟量、CAN 信号数据等，驾驶员在操作车辆运行过程中，产生的车辆数据不断回发到后台数据库，由云计算平台实现对数据的"过滤清洗"，数据分析平台对数据进行报表式处理，供管理人员查看。

中国物联网校企联盟认为：未来的车联网系统可以使感知更加透彻，除了道路状况外，还可以感知各种各样的要素——污染指数、紫外线强度、天气状况、附近加油站……同时还可以感知驾驶员的身体状况、驾驶水平、出行目的……路线的导航不再是"快速到达目的地"，而是"最适合驾驶员""最适合这次出行"，汽车导航将由"以路为本"变为"以人为本"。

车联网系统的主要构成如下：

1. 车辆和车载系统

车辆和车载系统是参与交通的每一辆汽车和车上的各种设备，通过这些传感器设备，车辆不仅可以实时地了解自己的位置、朝向、行驶距离、速度和加速度等车辆信息，还可以通过各种环境传感器感知外界环境的信息，包括温度、湿度、光线、距离等，不仅方便驾驶员及时了解车辆和信息，还可以对外界变化做出及时的反应。此外，这些传感器获取的信息还可以通过无线网络发送给周围的车辆、行人和道路，上传到车联网系统的云计算中心，加强了车辆的信息共享能力。

2. 车辆标识系统

车辆上的若干标志标识和外界的标识识别设备构成了车辆标识系统，其中以 RFID 和图像识别系统为主。

3. 路边设备系统

路边设备系统会沿交通路网设置，一般会安装在交通热点地区、交叉路口或者高危险地区，通过采集特定地点的车流量，分析不同拥堵段的信息，给予交通参与者避免拥堵的若干建议。

4. 信息通信网络系统

有了若干信息之后，还需要信息通信系统对各种数据的传输，这是网络链路层的重要组成部分，车联网的通信系统以移动网络、无线网络、蓝牙网络为主，车联网的大部分网络需求需要和网络运营商合作，以便和用户的手机随时连接。

【赛证习题】

思政园地：13 年坚守成就"汽修匠人"

一、选择题

1. 比亚迪秦 EV 纯电动汽车 CAN 网络属于（　　）通信网络。
A. 串行传输　　　　　　　　　　　B. 并行传输
C. 同步传输　　　　　　　　　　　D. 异步传输

2. 比亚迪秦 EV 纯电动汽车 CAN 网络中，属于高速 CAN 的是（　　）。
A. 启动 CAN　　　B. 舒适 CAN1　　　C. 舒适 CAN2　　　D. 动力 CAN

3. 比亚迪秦 EV 纯电动汽车 CAN 网络中，属于低速 CAN 的是（　　）。
A. 启动 CAN　　　B. 动力网　　　C. 电池子网 CAN　　　D. ESC CAN

4. 比亚迪秦 EV 纯电动汽车 CAN 网络中，ESC CAN 的传输速率为（　　）。
A. 100 Kbit/s　　　B. 125 Kbit/s　　　C. 250 Kbit/s　　　D. 500 Kbit/s

5. 比亚迪秦 EV 纯电动汽车启动 CAN 终端电阻在（　　）。
A. BCM　　　　　　　　　　　B. 智能钥匙系统控制器
C. 网关　　　　　　　　　　　D. 电池管理模块

二、判断题

（　　）1. 比亚迪秦 EV 纯电动汽车网关控制器位于车辆主驾仪表下方。

（　　）2. 比亚迪秦 EV 纯电动汽车启动 CAN 主要负责驱动和控制车辆。

（　　）3. 比亚迪秦 EV 纯电动汽车动力网的终端电阻分别在网关和整车控制器中。

（　　）4. 比亚迪秦 EV 纯电动汽车电池子网 CAN 主要负责动力电池内部温度、电压等信息的采集，传输速率为 250 Kbit/s，属于低速 CAN。

（　　）5. 比亚迪秦 EV 纯电动汽车 ESC CAN 主要负责车身稳定性控制，侧重于车辆安全，传输速率为 500 Kbit/s，属于高速 CAN。

三、简答题

1. 简述比亚迪秦 EV 纯电动汽车 CAN 网络的拓扑结构组成及特点。
2. 简述比亚迪秦 EV 纯电动汽车 CAN 网络的故障检测方法。
3. 简述比亚迪秦 EV 纯电动汽车 CAN 网络的故障检修流程。

任务四

检修智能网联汽车车载网络系统故障

【任务目标】

1. 知识目标

（1）熟悉智能网联汽车总线系统的组成及结构；

（2）了解智能网联汽车总线系统的特点及作用；

（3）掌握智能网联汽车毫米波雷达总线系统的故障诊断方法；

（4）掌握智能网联汽车超声波雷达总线系统的故障诊断方法；

（5）掌握智能网联汽车组合导航模块总线系统的故障诊断方法。

重点和难点：

（1）智能网联汽车总线系统故障的判断；

（2）智能网联汽车总线系统的检测与判断。

2. 技能目标

（1）能通过万用表、示波器诊断智能网联汽车总线系统故障；

（2）能根据电路图检测、判断智能网联汽车总线系统故障。

3. 思政目标

（1）培养学生举一反三的思维能力；

（2）通过学生小组合作探究，培养学生的团队合作意识；

（3）培养学生的规范意识和严谨认真的职业精神。

【任务导入】

故障现象：智能网联汽车录制地图完成后，自动驾驶模式下无法正常停障和避障。

原因分析：故障现象是自动驾驶模式下无法正常停障和避障，在分析智能网联汽车相关故障时，由于自动驾驶模式需要多传感器共同作用，需要对各个传感器的参数逐一进行检查。

【任务分析】

一、智能网联汽车总线系统组成和结构

（一）组成

智能网联汽车总线系统由毫米波雷达 CAN 总线，超声波雷达 CAN 总线，组合导航模块的 CAN 总线和底盘 CAN 总线组成。

（二）结构

智能网联汽车总线系统数据传输过程中，首先通过 CAN 总线将毫米波雷达的距离信息、超声波雷达的距离信息和组合导航模块的定位信号传输至自动驾驶处理器，自动驾驶处理器分析当前车辆定位信号和障碍物距离信息后做出决策，将控制指令通过底盘 CAN 总线传输至汽车底盘，通过驱动系统控制车辆进行停障和避障等动作。

二、智能网联汽车总线系统特点及作用

（一）特点

智能网联汽车总线系统主要由双绞线组成，如图 4 - 77 所示，由 CAN - H 和 CAN - L 组成。这种结构具有抗干扰、价格低廉、稳定性好等特点。

CAN-H线
CAN-L线

图 4 - 77　CAN 总线双绞线

（二）作用

1. 信息共享

采用 CAN 总线技术可以实现各传感器和 ECU 之间的信息共享，减少不必要的线束和传感器。

2. 减少线束

新型电子通信产品的出现对汽车的综合布线和信息的共享交互提出了更高的要求，传统的电气系统大多采用点对点的单一通信方式，相互之间少有联系，这样必然造成庞大的布线系统。据统计，一辆采用传统布线方法的高档汽车中，其导线长度可达 2 000 m，电气节点达 1 500 个，而且该数字大约每十年增长 1 倍。这种传统布线方法不能适应汽车的发展。CAN 总线可有效减少线束，节省空间。例如某车门 - 后视镜、摇窗机、门锁控制等的传统布线需要 20 ~ 30 根，应用总线 CAN 则只需要 2 根。

3. 关联控制

在一定事故下，需要对各 ECU 进行关联控制，而这是传统汽车控制方法难以完成的。CAN 总线技术可以实现多 ECU 的实时关联控制。在发生碰撞事故时，汽车上的多个气囊可

汽车 车载网络系统检修

通过 CAN 协调工作，它们通过传感器感受碰撞信号，通过 CAN 总线将传感器信号传送到一个中央处理器内，控制各安全气囊启动弹出动作。

三、智能网联汽车 CAN 总线系统故障类型

智能网联汽车 CAN 总线系统故障包括电源系统相关故障、传输线路系统故障和控制单元故障，基于汽车 CAN 总线，分析各个自动驾驶处理器相关的毫米波雷达、超声波雷达、组合导航定位模块等的相关故障。

（一）毫米波雷达 CAN 总线故障

智能网联汽车遇到障碍物时撞击障碍物，不能正常避障，可能是毫米波雷达 CAN 总线出现了故障，此时需要立即关闭自动驾驶模式，检查毫米波雷达电源及其 CAN 总线。毫米波雷达插头如图 4-78 所示。

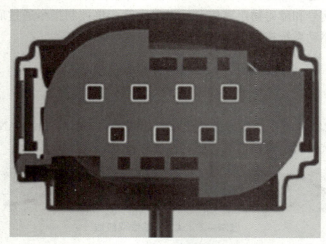

图 4-78　毫米波雷达插头

1. 毫米波雷达 CAN 总线断路故障

由于 CAN 总线由 CAN-H 和 CAN-L 组成，因此分析毫米波雷达 CAN 总线断路故障有两种情况，即 CAN-H 断路或 CAN-L 断路。

首先通过百度 Apollo 系统读取毫米波 CAN 总线输出的数据，需要将毫米波雷达安装好，打开百度 Apollo 系统，输入指令 Ctrl + Alt + t 打开终端，输入 candump can 指令打开查看毫米波雷达的 CAN 数据信息，查看能不能正常输出毫米波雷达 CAN 数据，若不能，则判定毫米波雷达有故障。

毫米波雷达普遍采用 12 V 直流供电，使用 CAN 总线通信接口，因此在检查毫米波雷达 CAN 总线故障时，需要用万用表先检查毫米波雷达的供电线束是否存在断路、短路等情况。

用示波器测量毫米波雷达 CAN-H 和 CAN-L 的波形，检测到 CAN-H 波形异常，继续用万用表电压挡检测毫米波雷达 CAN-H 的电压，电压为 0 V，检测 CAN-L 电压，电压为 2.5 V，判定 CAN-H 存在故障。用万用表电阻挡继续检查 CAN-H 所在线路是否存在断路，若测得电阻为无穷大，则 CAN-H 线路中存在断路故障。

2. 毫米波雷达 CAN 总线短路故障

毫米波雷达 CAN 总线短路故障分为三种类型，第一种是 CAN – H 或 CAN – L 对地短路，第二种是 CAN – H 或 CAN – L 对电源短路，第三种是 CAN – H 与 CAN – L 之间相互短路。

首先通过百度 Apollo 系统读取毫米波 CAN 总线输出的数据，需要将毫米波雷达安装好，打开百度 Apollo 系统，输入指令 Ctrl + Alt + t 打开终端，输入 candump can 指令打开查看毫米波雷达的 CAN 数据信息，查看能不能正常输出毫米波雷达 CAN 数据，若不能，则判定毫米波雷达有故障。

由于毫米波雷达普遍采用 12 V 直流供电，使用 CAN 总线通信接口，因此在检查毫米波雷达 CAN 总线故障时，需要用万用表先检查毫米波雷达的供电线束是否存在断路、短路等情况。

用示波器测量毫米波雷达 CAN – H 和 CAN – L 的波形，波形如图 4 – 79 所示，检测到 CAN – L 波形异常，继续用万用表电压挡检测毫米波雷达 CAN – L 电压，电压为 12 V，判定 CAN – L 线路中存在对电源短路故障。

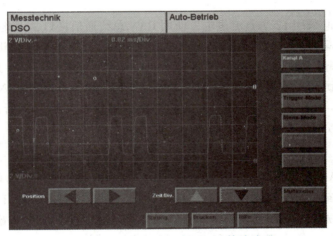

图 4 – 79　CAN – L 对电源短路故障波形

（二）超声波雷达 CAN 总线故障

当智能网联汽车附近存在障碍物时，车辆立即停止，不能正常避障行驶，此时需要立即将车子移动到返修厂，针对超声波雷达 CAN 总线进行故障排除。

超声波雷达有 8 个探头，分别位于汽车的前后左右，每个方向有 2 个超声波雷达探头，探头测得的数据由 CAN 总线传输，超声波雷达如图 4 – 80 所示。

1. 超声波雷达 CAN 总线断路故障

由于 CAN 总线由 CAN – H 和 CAN – L 组成，因此分析超声波雷达 CAN 总线断路故障有两种情况，即 CAN – H 断路或 CAN – L 断路。

首先通过百度 Apollo 系统读取超声波 CAN 总线输出的数据，需要将超声波雷达安装好，打开百度 Apollo 系统，输入指令 Ctrl + Alt + t 打开终端，输入 candump can 指令打开查看超声波雷达的 CAN 数据信息，查看能不能正常输出超声波雷达 CAN 数据，若不能，则判定超

图 4 – 80　超声波雷达

声波雷达有故障。

　　超声波雷达普遍采用 12 V 直流供电，使用 CAN 总线通信接口，因此在检查超声波雷达 CAN 总线故障时，需要用万用表先检查超声波雷达的供电线束是否存在断路、短路等情况。

　　用示波器测量超声波雷达 CAN – H 和 CAN – L 的波形检测到 CAN – H 波形异常，继续用万用表电压挡检测超声波雷达 CAN – H 的电压，电压为 0 V。检测 CAN – L 电压，电压为 2.5 V，判定 CAN – H 存在故障，用万用表电阻挡继续检查 CAN – H 所在线路是否存在断路，测得电阻为无穷大，则 CAN – H 线路中存在断路故障。

2. 超声波雷达 CAN 总线短路故障

　　超声波雷达 CAN 总线短路故障分为三种类型，第一种是 CAN – H 或 CAN – L 对地短路，第二种是 CAN – H 或 CAN – L 对电源短路，第三种是 CAN – H 与 CAN – L 之间相互短路。

　　首先通过百度 Apollo 系统读取超声波 CAN 总线输出的数据，需要将超声波雷达安装好，打开百度 Apollo 系统，输入指令 Ctrl + Alt + t 打开终端，输入 candump can 指令打开查看超声波雷达的 CAN 数据信息，查看能不能正常输出超声波雷达 CAN 数据，若不能，则判定超声波雷达有故障。

　　由于超声波雷达普遍采用 12 V 直流供电，使用 CAN 总线通信接口，因此在检查超声波雷达 CAN 总线故障时，需要用万用表先检查超声波雷达的供电线束是否存在断路、短路等情况。

　　用示波器测量超声波雷达 CAN – H 和 CAN – L 的波形，波形如图 4 – 81 所示，检测到 CAN – L 和 CAN – H 的波形相同，继续用万用表电阻挡检测超声波雷达 CAN – L 和 CAN – H 之间的电阻，电阻为 0 Ω，判定 CAN – L 与 CAN – H 之间线路存在交叉连接情况，即存在 CAN – L 与 CAN – H 相互短路故障。

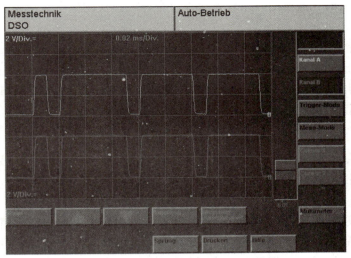

图 4 – 81　CAN – L 与 CAN – H 交叉互短波形

（三）　组合导航 CAN 总线故障

当智能网联汽车在室外时，地图录制完成后，开启自动驾驶模式，车辆保持静止不能正常行驶，此时需要立即将车子移动到返修厂，针对组合导航定位模块传感器 CAN 总线进行故障排除。

组合导航模块有定位模块和两个天线，可以安装在汽车的前后或者左右两组方位，其中一个为定位天线，另外一个为定向天线，两种天线有任一故障时，车辆定位定向功能都会受到影响，由于智能网联汽车行驶时必须要清楚车身所在位置，所以组合导航存在故障时，智能网联汽车无法行驶，保持静止状态。组合导航模块插头引脚如图 4 – 82 所示。

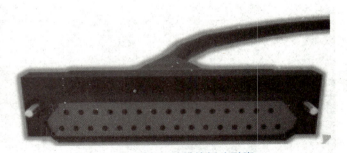

图 4 – 82　组合导航模块插头引脚

1. 组合导航模块 CAN 总线断路故障

由于 CAN 总线由 CAN – H 和 CAN – L 组成，因此分析组合导航模块 CAN 总线断路故障有两种情况，即 CAN – H 断路或 CAN – L 断路。

首先通过百度 Apollo 系统读取组合导航定位模块 CAN 总线输出的数据，需要将组合导航模块安装好，打开百度 Apollo 系统，输入指令 Ctrl + Alt + t 打开终端，输入 candump can 指令打开查看组合导航模块的 CAN 数据信息，查看能不能正常输出组合导航模块 CAN 数据，若不能，则判定组合导航模块有故障。

组合导航模块普遍采用 12 V 直流供电，使用 CAN 总线通信接口，因此在检查组合导航

模块 CAN 总线故障时，需要用万用表先检查组合导航模块的供电线束是否存在断路、短路等情况。

用示波器测量组合导航模块 CAN - H 和 CAN - L 的波形，观察到 CAN - H 波形异常，继续用万用表电压挡检测组合导航模块 CAN - H 的电压，电压为 0 V，检测 CAN - L 电压，电压为 2.5 V，判定 CAN - H 存在故障。用万用表电阻挡继续检查CAN - H 所在线路是否存在断路，测得电阻为无穷大，则 CAN - H 线路中存在断路故障。

2. 组合导航模块 CAN 总线短路故障

组合导航模块 CAN 总线短路故障分为三种类型，第一种是 CAN - H 或 CAN - L 对地短路，第二种是 CAN - H 或 CAN - L 对电源短路，第三种是 CAN - H 与 CAN - L 之间相互短路。

首先通过百度 Apollo 系统读取组合导航 CAN 总线输出的数据，需要将组合导航模块安装好，打开百度 Apollo 系统，输入指令 Ctrl + Alt + t 打开终端，输入 candump can 指令打开查看组合导航模块的 CAN 数据信息，查看能不能正常输出组合导航模块 CAN 数据，若不能，则判定组合导航模块有故障。

由于组合导航模块普遍采用 12 V 直流供电，使用 CAN 总线通信接口，因此在检查组合导航模块 CAN 总线故障时，需要用万用表先检查组合导航模块的供电线束是否存在断路、短路等情况。

用示波器测量组合导航模块 CAN - H 和CAN - L 的波形，波形如图 4 - 83 所示，检测到 CAN - L 波形异常，CAN - L 波形的振幅没有达到标准值，继续用万用表电阻挡检测组合导航模块 CAN - L 对地电阻，电阻为 1 000 Ω，判定 CAN - L 线路中存在接电阻对地短路故障。

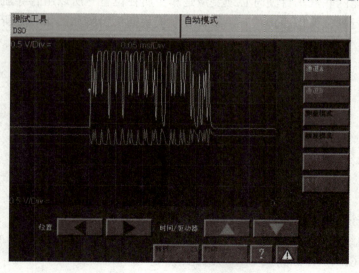

图 4 - 83　CAN - L 接电阻对地短路故障波形

当智能网联汽车出现车辆在起始位置停止不动状况时，我们考虑是其组合导航系统出现了问题，组合导航主要起到车辆定位和定向作用。

【任务实施】

一、实训前准备

1. 实训场地及设备工具准备

场地：1 个工位，车辆 1 辆。

设备：智能网联汽车。

专用工具：数字万用表、钳形电流表、示波器、CAN 分析仪。

常用工具：螺丝刀、工具车、安全支座。

2. 学生组织

分成 6 组，每小组由 4 至 6 名学生组成，每组完成单次练习时间为 30 min。

二、实训安排

1. 准备

①车辆正确停放在工位上；

②提前对蓄电池充电，确保蓄电池电量充足；

③按照工位说明准备工位；

④准备维修手册；

⑤准备灭火器。

2. 讲解与示范（30 min）

①安全注意事项及纪律要求；

②拆装步骤、要求及注意事项；

③教师示范智能网联汽车检查流程；

④教师示范万用表检测智能网联汽车 CAN 总线的方法；

⑤教师示范示波器检测智能网联汽车 CAN 总线的方法。

3. 分组练习与工位轮换（30 min）

学员分为 6 组，每组一个工位，每个工位包含四个任务：

①检查智能网联汽车工作状况；

②万用表检测智能网联汽车 CAN 总线；

③示波器检测智能网联汽车 CAN 总线；

④更换故障线束；

⑤观摩操作过程及记录测量结果或操作要点。

每组学员分为两个小组，分别完成两项任务，每个小组单次练习 30 min，然后进行组内交换。

4. 考核（20 min）

随机抽取 10 名学员分为 5 组进行考核。

5. 答疑及总结（10 min）

教师答复学员所提出的相关疑问；若学员无疑问，则带领学员回顾智能网联汽车车载网络系统故障检修的操作步骤、要点及注意事项。

三、完成任务工单

实训 检修智能网联汽车车载网络系统故障（以毫米波雷达 CAN 总线为例）

学号：_____ 姓名：_____ 日期：_____

评分项	作业记录		
检测记录	胎压（BAR）	左前：　　右前：　　左后：　　右后：		
	车辆急停检查	左前：　　右前：　　左后：　　右后：		
考核类型	序号	考核题目	评分
知识考核	1	智能网联汽车总线系统包括_____、_____、_____、_____。	
	2	智能网联汽车总线系统故障类型包括_____。	
	3	毫米波雷达出现故障的形式有_____。	
	4	超声波雷达出现故障的形式有_____。	
	5	组合导航模块出现故障的形式有_____。	
技能考核	1	检测毫米波雷达 CAN 总线的终端电阻。	
	2	检测毫米波雷达 CAN 总线的总线电压。	
	3	检测毫米波雷达 CAN 总线的总线波形并绘制。	
素养考核	1	是否具备阅读和理解工作文件的能力	

项目四任务四	检修智能网联汽车车载网络系统故障（以毫米波雷达 CAN 总线为例）					
学生基本信息	姓名		学号		班级	
	组别		时间		成绩	
能力要求		具体内涵		评分标准	分值	得分
专业能力	毫米波雷达 CAN 总线检修	a. 实施准备		10	70	
		b. 检查控制开关及其信号		10		
		c. 检测 CAN 总线系统电压		10		
		d. 检测 CAN 总线系统线束电阻		10		
		e. 检测 CAN 总线系统电压及波形		10		
		f. 观摩操作过程及记录测量结果或操作要点		10		
		g. 整理工具、清理现场		5		
		h. 安全用电，防火，无人身、设备事故		5		
	具体要求	分成 6 组，每小组由 4 至 6 名学生组成，每组完成单次练习时间为 30 min				
社会能力	团队合作	是否和谐		5	15	
	劳动纪律	是否严格遵守		5		
	沟通讨论	是否积极有效		5		
方法能力	制订计划	是否科学合理		5	15	
	学习新技术能力	是否具备		5		
	总结能力	是否正确总结		5		
下一步改进措施						
考核教师签字		结果评价			项目成绩	

【知识扩展】

智能网联汽车线控底盘技术

智能网联汽车线控底盘技术是将驾驶员的操作动作经过传感器转变成电信号来实现传递控制，替代传统机械系统或者液压系统，并由电信号直接控制执行机构以实现控制目的。

智能网联汽车线控底盘技术包括线控驱动系统、电池管理系统、车架车身系统、线控转向系统、线控制动系统等，这些模块在传递汽车相关信息时也会用到 CAN 总线系统，如

图 4-84 所示，VCU（整车控制器）通过 CAN 总线采集车速信息、加速和制动信号、电池和电机状态信息等，根据当前的汽车工作情况，进行换挡控制和电机扭矩的输出。

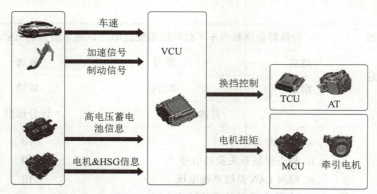

图 4-84 智能网联汽车线控底盘 CAN 总线系统组成

采用线控系统有以下优点：

①线控消除了机械连接冲击的传递，可以降低噪声和振动，提高驾驶的舒适性；

②采用线控可省去大量机械和管路系统及部件，电线更容易布置，使汽车的电气结构更加合理，并且有助于轻量化；

③线控技术通过电脑控制，可使动作响应时间缩短，且能对人工驾驶时驾驶员的动作和执行元件的动作进行适时监控，并进行修正，使操控更加精准，提高了系统性能；

④线控技术使整个系统的制造、装配、测试更为简单快捷，同时采用模块化结构，维护简单，适应性好、系统耐久性能良好，略加变化即可增设各种电控制功能；

⑤使用线控制动不需要制动液，不需要另加维护，且使汽车更为环保；

⑥汽车线控技术的应用便于实现个性化设计，对于驾驶特性如制动、转向、加速等过程，可根据用户选择设计不同的程序。

【赛证习题】

一、填空题

1. 智能网联汽车总线系统由＿＿＿＿＿＿、＿＿＿＿＿＿、＿＿＿＿＿＿、＿＿＿＿＿＿组成。

2. 智能网联汽车总线系统主要由双绞线组成，这种结构有＿＿＿＿＿＿、＿＿＿＿＿＿等特点。

3. 智能网联汽车 CAN 总线系统故障包括＿＿＿＿＿＿、＿＿＿＿＿＿、＿＿＿＿＿＿。

思政园地：让汽车的"心跳"更加澎湃

二、简答题

1. 简述毫米波雷达 CAN 总线故障主要类型。

2. 简述超声波雷达 CAN 总线故障主要类型。

3. 简述组合导航定位模块 CAN 总线故障主要类型。

参考文献

[1] 凌永成. 车载网络技术 [M]. 2 版. 北京：机械工业出版社，2021.

[2] 吴海东. 汽车车载网络控制技术 [M]. 2 版. 北京：机械工业出版社，2020.

[3] 付百学. 汽车车载网络技术 [M]. 2 版. 北京：机械工业出版社，2019.

[4] 凌永成. 汽车电子控制技术 [M]. 2 版. 北京：北京大学出版社，2011.

[5] 徐景波. 汽车总线技术 [M]. 北京：中国人民大学出版社，2011.

[6] 张军. 汽车总线系统检修 [M]. 北京：北京理工大学出版社，2010.

[7] 廖向阳. 车载网络系统检修 [M]. 北京：人民交通出版社，2010.

[8] 李雷. 汽车车载网络系统检修 [M]. 北京：人民邮电出版社，2009.

[9] 朱建风. 常见车系 CAN – BUS 原理与检修 [M]. 北京：机械工业出版社，2006.

[10] 南金瑞. 汽车单片机及车载总线技术 [M]. 北京：北京理工大学出版社，2005.

[11] 吴诰珅. 汽车电子控制技术和车内局域网 [M]. 北京：电子工业出版社，2004.

[12] 李东江. 汽车车载网络系统（CAN – BUS）原理与检修 [M]. 北京：机械工业出版社，2005.